心灵探秘系列丛书

张平亚 著

梦的探索

知识产权出版社
全国百佳图书出版单位

图书在版编目（CIP）数据

梦的探索/张平亚著. —北京：知识产权出版社，2019.9
ISBN 978-7-5130-6419-4

Ⅰ.①梦… Ⅱ.①张… Ⅲ.①梦—精神分析 Ⅳ.①B845.1

中国版本图书馆 CIP 数据核字（2019）第 185785 号

内容提要

梦伴随着人的一生。所有人都做梦，但又不能解其意，作者付诸近 20 年的时间和心血，将探索梦的秘密融入生命，对梦进行了综合性的分类梳理，立体式地呈现和凸显梦对人的意义。她从哲学的观点作切入口，从人的本性出发，对人进行了自我认识的解剖，因而对梦提出了全新的认知和理解。作者尽力去探索发现梦与现实的关系，梦与人的关系，找到梦发生的规律及其活动目的，进而发现它的作用和意义。向大众普及科学地认识梦具有积极的社会意义，也促使人们更进一步地认识人类自己。

责任编辑：韩婷婷	责任校对：潘凤越
封面设计：易 滨	责任印制：孙婷婷

梦的探索

张平亚 著

出版发行：**知识产权出版社**有限责任公司	网 址：http://www.ipph.cn
社 址：北京市海淀区气象路 50 号院	邮 编：100081
责编电话：010-82000860 转 8359	责编邮箱：176245578@qq.com
发行电话：010-82000860 转 8101/8102	发行传真：010-82000893/82005070/82000270
印 刷：三河市国英印务有限公司	经 销：各大网上书店、新华书店及相关专业书店
开 本：720mm×1000mm 1/16	印 张：9.5
版 次：2019 年 9 月第 1 版	印 次：2019 年 9 月第 1 次印刷
字 数：120 千字	定 价：49.00 元
ISBN 978-7-5130-6419-4	

序

我用灵魂参与了对梦的探索。

二十年前，好奇心将我带到了梦的面前，我被它光怪陆离甚至是荒诞不经的现象迷惑住了。我久久地凝视着它，生命本就够叫人惊奇的，梦却更让人难以理解。对梦的真相的追求，驱使我在它身边转悠了二十年——二十年前，我开始了对自己和别人的梦的记录（其实五十年前留在脑子里的梦也可信手拈来几个），可能这就是我与解析梦的不解之缘吧。可以说，探索梦融进了我的生命，成了我生命的一部分。我想弄明白梦与人的关系。

"认识你自己"，这是一条镌刻在德尔菲智慧神庙上的箴言。两千多年前，古希腊哲学家苏格拉底向人们提出了"认识你自己"的哲学任务。然而，我们认识自己吗？我认为，解析梦为"认识你自己"打开了一扇幽囚自己的房门，为认识自己走近了一大步。

让我们来认识一下人类自己吧。人，从蛮荒中匍匐而来，风度翩翩，带着蛰伏着的兽性的原欲走进了现代文明。人，依赖世界又创造世界。他从生物界分离出来，但又永远摆脱不了生物性。在人身上，人性和兽性、自然性和社会性、自在性和自为性构成了一个最具矛盾的统一体。人在形成自我时，有一股力量来自本我，即生物人，它是人动力和活力的源泉，其本质是欲望；另一股力量来自社会和群体，即社会人，它决定人的走向，其本质是理性，社会对个人有诸多的禁制。叔本华说，人是被推着走的。这两股力量在人身上会发生冲突，前者要释放原欲，后者要执行钳制，这样，人的生存压力就产生了。如何调和这对矛盾呢？造物主给了人类一个法宝——"做梦"。通过做梦，人类在现实中不能释放的原欲，在梦中得以虚幻地实现，如此，欲望和理性就可以在同一有机体内和平共处。当然，随着人的演化，梦也在发展。为适应意识和心理活动的日益复杂化，生命的内部关系在进行不断的调整，以达到心理的平衡，这种调整体现为梦对心理情绪的不断匡正和滋养。

据说西方医学专家做过统计，人类70%的疾病与情绪有关，可见心理平衡对人来说是多么重要，也可以说，做梦对人类是多么重要。此外，梦对人进化的作用不可小觑。梦还是文学艺术的摇篮。这些观点我将在书中逐一阐明。

说到解析梦，不得不说到西方精神分析的创始人弗洛伊德的《梦的解析》。《梦的解析》在世界上影响很大，学者们对它褒贬不一。弗洛伊德把人的心理分为意识、前意识和无意识，并把人格区分为自我、本我和超我三个部分，他的心理分析理论对认识人的心理起到了巨大的作用，启发了人对自我的认识。《梦的解析》里记载着许多名人对梦的见解，其观点不乏可取之处。但对普通人来说，《梦的解析》还是太过深奥，其中有些观点也不能让人信服。有时候，将复杂问题简单处理，未必是不正确的。19世纪英国哲学家斯宾塞对生命有一个著名的定义，"生命是对适应外部关系而对内部关系进行不断调整的过程"❶，这句话让我茅塞顿开，这个定义非常符合人做梦的原理——理论上而言，梦应该是围绕有利于生命的存在和促进进化而发生的。黑格尔有言："存在即合理"。这个"合理"我理解为"有理由"，我想，梦也不外乎如此吧。人体的器官在为人的生存和进化服务：生理上，扁桃体、胸腔和阑尾等是生理的免疫系统，这个认识是经过反复研究才得以确认的。人的生理会通过一系列的反映来保护自身，如咳嗽、打喷嚏甚至发烧，等等。同样地，人的心理健康用什么得以反映和保护呢？荣格坚信"心理是一个自我调整系统"❷，如何调整？我认为做梦就是一只看不见的手在调整着人的心理。也就是说，梦是心理的免疫系统，是心理卫士。进而，梦还是人类进化的引领者，因为前意识总喜欢在梦中闯关，意欲进入意识层，促使人的意识面不断拓展。除此，梦常以图示呈现，人类的文学艺术也少不了梦的提示——乍一提出这些观点，可能让人诧异，稍后，我将对此进行一步步的推进、分析，相信读者会不同程度地认同我的观点。

弗洛伊德在《梦的解析》中认为"梦是愿望的达成"❸，这是做梦唯一的宗旨。随着对自己和别人所做之梦的不断思考和反复体验，我建立了自己独特的解析梦的方法，即在解析前了解梦者前一段时间的经历和情绪，并抓住梦者梦中的情绪感受来分析，这是我解析梦的基础。逻辑思维

---

❶ （美）威尔·杜兰特. 哲学的故事［M］. 北京：中国档案出版社，2001：362.

❷ 尤娜，杨广学. 象征与叙事：现象学心理治疗［M］. 济南：山东人民出版社，2006：86.

❸ （奥）弗洛伊德. 梦的解析［M］. 合肥：安徽文艺出版社，1996：30.

让我懂得梦的作用是立体的。

从婴儿的梦中学哭笑开始，到成长过程中梦的提示、警示，再到照应心理的平衡，释放生存压力，满足心理需求，拓展意识，引领进化的步伐，最后到了耄耋之年，当你孤寂时，梦还会让你酣畅淋漓地体验一番激情。梦伴随着人的一生，像一个贴身的保姆在保护着我们的心理，但这一切必须建立在健全的心理机制上。梦使人生丰富多彩，试想，一个没有梦的人生，该是多么枯燥乏味。我想，这是造物主馈赠给人类的珍贵礼物。正如康德所说，"造化知道什么对它的物种有利"❶，梦给了人类另外一个空间，通过另一空间的经历后，再回到原来的现实世界，人类会觉得得到了一些满足和提升。梦这只无形的手，不只是温柔的，有时也会粗暴，让你疼痛，梦者甚至会接受不了——接受吧，这只是梦，醒来回到现实的世界，顿觉梦前感觉十分不如意的世界是多么安好，一切也就会变得可以接受。这，或许也是梦的用意之一。

在一大堆杂乱无章的乱麻中，梳理出一些理论与观点并非易事，它需要逻辑思维和毅力。其中，将梦分门别类进行阐述尤为艰难，因为有些梦实在难以界定，在具体分类中，会不时遇上 A 中有 B、B 中有 A 的情况，这就难免会导致分类上的一些混乱，望读者朋友见谅。

解析梦并公开发表，需要莫大的勇气。梦涉及个人心灵深处最隐私的东西，解梦是对人的心灵的剖析，这种解剖有时不免让人觉得残酷。如果不是探索精神的支撑，这项研究我恐怕难以持续。

在这里，我对梦进行了综合性的分类梳理，这些观点也是本书所力求阐明的。在本书中，我尽力去发现梦与现实的关系，找到梦发生的规律及其活动目的，进而发现它的作用和意义。"经验的正确方法，是首先点燃

---

❶ （美）威尔·杜兰特. 哲学的故事 [M]. 梁春，译. 北京：中国档案出版社，2001：279.

蜡烛（假设），然后用蜡烛照亮道路（整理和界定经验）"，培根的这句经典之语，也为我照亮了道路——在《梦的探索》中，有不少假设，我认为只有运用假设才能清楚地说明问题、阐明观点，实证方法对解决梦的问题有时候力不从心。

当我快完成《梦的探索》时，我看到了2400年前古希腊医师、西方医学的奠基人希波克拉底对梦的论断："能正确理解梦中千种风情者，必将发现其对人万事万物有重大影响。"我长长吁了口气，我的《梦的探索》就像是对希波克拉底这一论断的诠释。当然，我自知对梦远没有达到完全理解的地步，一些看来与现实毫无关联的梦是费解的，这一现象说明了我们还不能完全认识自己。梦属于灰色系统，我个人不可能透彻地分析和理解梦的全部作用、功能和意义，对梦的进一步认识有赖于后人的不断发现和挖掘，我的《梦的探索》权当是一块引玉之砖。

在此，深深地感谢给我提供梦例的以及理解和支持我的亲友们。

张平亚
于 2018 年 1 月 29 日

目　录

第一章

梦对生存保驾护航

梦的特点是个别性和私密性，梦不断在平衡着连我们自己都察觉不到的失衡，对人起着保驾护航的作用。

人的进化发展至今，调整本能和理性的平衡是一路相随的。人不仅有求生的欲望，还有不断升华自身的欲望，前者是本能，后者是理性；前者是生存的原动力，后者则引领着人类发展的方向。

人类的发展和进步是一个不断发现和发明的过程。

人的自我认识是一个永无止境、不断深化的过程。

个性对梦的影响很大，个性不同，梦的内容、形式就会截然不同，就像在现实中，每个人的想法都会不同一样，潜性格会在梦中展示。

一、梦的重头戏——愿望的达成

"一个幻觉般的新的外观世界，宛如一阵神餐的芳香——它闪闪发光地漂浮在最纯净的幸福之中，漂浮在没有痛苦的远看一片光明的静观之中……凭直觉领悟了两者的相互依存关系……整个苦恼世界是多么重要，个人借之而产生有解脱作用的幻觉，静观这幻觉，以便安坐于颠簸小舟，渡过苦海。"

尼采借用梦的形式来说明艺术对人生的重要性。反过来说，梦在人生中也是有着艺术的本质和功用的。

尼采的这段话是否可以作为梦是"愿望的达成"的理论依据呢？

有哲学家说，人类的感知系统不是为"求真"设定的，而是为"求存"设定的。刚看到这个观点时，我觉得非常正确。经过再三琢磨和回味，感到这观点还不尽完美。是否可以说，人类的感知系统不只是"求真"的，也是"求存"的？当"求真"的感知系统对人的生存不利时，"求存"系统就会启动，来弥补"求真"系统的缺陷。"愿望达成"的梦是对这个观点最好的诠释。我认为这更接近于真相。

愿望的达成对人的生存意义有着无与伦比的重要性，所以它构成了梦的重头戏。

1

我是一个酷爱旅游的人。几年前的十月，进入了旅游季节，朋友和同学间互约旅游的呼声此起彼伏，这对我具有很大的吸引力，但我克制住自己的喜好，我明白，我需要抓紧时间看书和思考，待我的大梦研究完成，自由自在走在旅行的路上，这才是我追求的人生。当夜，我做了一个美妙绝伦的梦：我走在一个 V 字形的海滩上，被眼前的景象惊呆了——阳光灿烂，天空蔚蓝，碧蓝的海水中，都是我从没见过的巨大的海洋动物，也说不上它们的名字。这些动物与人嬉戏，口中喷起的水柱有半空高，水中的人在狂欢。

我伫立在海滩边观望，欣赏着大自然如此美妙的图景，真有一种绝对的满足感。我往另一边看去，一只巨大的犀牛从水中缓慢地走向我，我因为害怕离开了那里。醒来后，回味着梦中的感觉，我感到太有震撼力了，人和自然竟然可以如此和谐美妙，这是从未有过的感受。整个梦境时间极短就结束了，因为我认为梦者的情绪、感官的体验和想象都达到了顶点，梦的目的已经达到。那只巨大的、令我害怕的犀牛，是让我的梦落下帷幕的道具。这是一个最最典型的愿望达成的梦，你能不说梦是这般地照顾人的情绪吗？可以说，这个梦比我真实的旅游记忆还要深刻和美妙，我永远不会忘却这一幕。

2

随着与一个女人接触的增加，我发现她是一个感情丰富的人，在听人家半真半假的故事时，她也会听得泪眼婆娑（平时彼此熟悉，家庭情况也都了解）。那日在闲聊时，她说不知怎么的，总是梦见与死去的父亲、外公、外婆在一起，就像平常生活中一样。做梦后她把梦境说给老公听，她老公说她阴气重，老是与死人在一起。她问我这是怎么回事。我略微给她做了分析：她是一个重感情的人，亲人的失去，让她有一种不确定感。通过反复做这类与逝者相聚的梦，至少令她的心灵得到了满足和安慰。这是典型的愿望达成的梦。听完我的分析，她直说有道理。她说自己也搞不清，为什么老做这样的梦，现在明白了。

还有一种想法，人为什么老会梦见自己逝去的亲人？人是极具感情的动物，亲人的逝去，就像藕断了，丝还连着，梦境就像那未断的丝，将梦者和已逝的亲人相连。终究，随着时间的推移，那丝也会渐渐地断裂。我不知道此种比喻是否确切，但这种形象确实挥之不去，萦绕在身。

人有回到过去某一愉悦时段的愿望，但又知这是绝不可能的，唯有梦能让人享受这短暂的回去的权利。梦虽短暂，却是酣畅淋漓的感受，仿佛真的一样。是的，那情绪和感受就是真的。我的一个亲戚，一个八十多岁只在年轻时上过扫盲班的妇人，病重离世前女儿抱住她哭泣，说："妈妈，我们母女以后就不能再相见了。"母亲平静地说："我们还会相见的，在梦里，我们有机会再相见的。"这聪慧的老人，给人莫大的安慰。

在弗洛伊德对梦的庞杂的分析中，他始终认定梦的作用只有一个，即愿望的达成。在他的理论里，梦哪怕千变万化，绕来绕去，都逃不脱"愿望的达成"这一宗旨。即使在他自己的梦里出现了衣冠不整，有些尴尬地站在人前的场面，他也认为是童年时衣服穿得很少的原因，在人前却是兴奋情绪的再现，即愿望的达成。我不敢苟同他的这个观点，是的，"愿望达成"的梦占了我们梦的较大比例，但通过多次的梳理，我认为梦的类别应该是多样化的，梦的作用是立体式的。

3

讲一个我父亲的梦。因直肠癌复发，他躺在自家床上六个多月了。在这些日子里，他一步也没有下过床，肿瘤让他痛得要命。那天，轮到我照料，父亲一见我就高兴地说："昨晚我梦见自己踢足球，踢得很起劲，真开心啊。"我不解地说："你又不会踢足球，怎么会梦见踢球呢？"父亲说："我怎么不会踢球，我足球踢得不错的。"看见我惊讶的表情，他继续说道："我年少时在上海教会学校读书，老师是英国人，他们教我们踢足球。我非常喜欢踢球，离开学校后就没有机会再踢了。算起来有50多年的时间了。这个经历我没对你们说，昨晚的梦真过瘾。"哦，父亲有意在隐藏他的经历，他怕被别人误解。看着父亲那满足的神情，我想，真是美梦呵。这梦还可以把他带回年轻时代有趣甚或是幼稚事件的回味中，真是"愿望达成"的梦。这种梦的作用不可谓不大，在这人生的低谷时期，给你一个体验高潮的时刻。梦给了你一个意外的惊喜，表象是愿望的达成，实质是情绪的改变。

婆婆86岁那年公公去世，然后就住在我家。因耳朵失聪，与人交流非常费力。再加上年纪大了，思维迟钝、僵化，又是文盲。谈话时，你说东，她道西，渐渐地交流更少了。看着这低质量的生存，我真的没有办法。88岁那年，她用她响亮的嗓门对我讲了一个昨晚她做的梦（她知道我喜欢听人讲梦）：她在麦田里割麦，田里都是熟人，大家说说笑笑。哦，生劲、生劲（意为热闹）。我问，那些熟人是谁啊？她摇摇头说，差不多都是过去的人了。我问，你在梦里是什么年纪？她说，还年轻的，干活还很起劲哩。看着她的表情，显然还沉浸在梦里的情境中。在现实生活中，她是寂寞的，其他人都在做自己的事，不可能老是陪着她。只有梦，能偶然地使她兴奋起来。愿望的满足，应该是对这个梦最好的诠释。

4

一个女人对我说起她的梦。在解析梦之前，我总要询问梦者做梦前的经历及情绪。那女人说做梦前的白天，她与丈夫争吵了。我们知道她丈夫是个专制者，控制欲很强。以前，这女人总是让着他，甚至有些忍气吞声，还美其名曰"顾全大局"。在朋友们的熏陶下，她也转变了。争吵起始，丈夫用恶毒的语言刺激她，她伶牙俐齿地回敬，噎得丈夫无言以对。这场争吵表面上以她的胜利而告终，但是，她说她心里很难受，自己竟会愚钝地被人欺侮了这么多年。不平的情绪充斥着她的胸膛。晚上的梦里，她遇见了多年未见的老熟人，这熟人是个能说会道、颇有名声的花心男人。熟人问女人要去哪儿，女人回答了他。他说，他有东西拿不去，叫女人顺路带上一些。这是顺理成章的事。女人就帮他拿了类似泡沫块的东西到他房间。谁料，那熟人进屋后就锁住房门，把那女人搂住，并说，我暗恋你很久了，我们以后就来往吧。女人是不置可否的态度。那女人对我说，现实中，她其实对这熟人一点也没有那方面的意思，也没什么好感，不知为什么，她好像觉得已有不少人知道了她与那熟人的关系（梦里熟人搂她时，有几个人在旁边看到了）。随后，那个熟人离开了梦境，女人还坐在那里。她的丈夫进来了，在离她七八米的对面，用狐疑的眼光瞅着她。女人在梦里感到丈夫有可能察觉了。旁边曾目睹熟人搂她的那几个人还在。丈夫开口问她了，你的腰围尺寸是多少？她故意答错尺寸，心想，刚刚那熟人给她量了尺寸，订制衣服，可能是尺码被自己丈夫掌握了（其实她说做梦当天她确是去羊毛衫店里订制了衣服，现实中的情节成了梦材料的一部分）。见尺码不是老婆的，丈夫的猜疑就消失了。旁边那几人暗暗地伸出拇指，意为夸她聪明。听完她的叙述，我不禁哈哈大笑地说，你在梦里狠狠地报复了你丈夫一把，这真是一个"愿望达成"的梦。她随后也暗暗地笑了。

在现实生活中，配偶如果有了婚外情，旁人常会说她丈夫或他妻子是最后知道的，这意寓受到的伤害最深。梦中设计了这一让其他人知道，唯独丈夫不知道的构思，有点让人忍俊不禁，可以说是最大程度地报复了丈夫。

5

两年前的清明前夕，我梦见去世二十八年的父亲和去世五年的小兄。两人睡在同一间屋里，都是一副临终前的模样。小兄在洗头，去世前把自己收拾得干净点。父亲在病榻上挣扎起来，用干毛巾为我的小兄擦干头发。这一幕令我莫名感动，心想毕竟是父亲，也想为这个平日不太疼爱的儿子做最后一件事。想起这个梦有点奇怪，那些心酸的感觉已被时间带走了，已近老年的自己对生死亦已看淡，从何而来如此心酸感动的情愫？做这个梦的原因是什么？我动用了记忆的挖掘机，把封尘的往事呈现出来。

　　小兄生下来就先天不足，不讨人喜欢。加上那时的孩子多，父母就没有花费大精力去调教他，以致后来他的智力有较大的缺陷。这就使他陷入恶性循环，越得不到重视就越糟糕，最后竟成了周围人尽皆知的傻子。可怜他遭受了所有人的歧视，包括家人。直至十多年前，我对此有了思考。小兄的遭遇与父母和家人对他的态度有很大关系。假设父母对他多点爱心和耐心，兄弟姐妹对他多点关爱，那周围人对他的态度就会有所不同，不至于总是受到欺侮。到父母离世多年之后，想起此事，我就有些耿耿于怀。尤其是父亲对他的态度更是令人心寒。令人欣慰的是，社会在进步，类似的现象在逐渐改善，弱势群体渐渐地引起人们的关注。弱者的待遇是社会文明的度量衡。

　　梦有一种现象，只要你的心里还有没有解开的疙瘩，多少年后，当时机成熟，它会帮你去除疙瘩。

　　做完此梦，我有一种顽渍被清洗后的轻松。我明白这是我隐在前意识已久的愿望，梦替我达成了这个愿望。

　　愿望，是"人类的本质"。我们之所以有愿望，是因为我们要生存下去，继续进化。

6

　　我有个同事，我们也是同学。她在现实生活中是个公认的好媳妇，公婆活着时与她关系融洽。这次清明，因为自己身体不佳，就由女儿代她去公婆墓前祭扫。清明当天的夜里，她梦见自己到了公婆住的地方，那里就像居住屋差不多。公婆在睡觉，她见屋内一片凌乱，就动手整理，把整个

屋子收拾得井井有条。欲离开时，看见后窗的窗帘没有拉上，就走近后窗。往外一看，窗外四周全是房子，有一种走不出去的感觉。她有些焦虑。这时，窗外一群孩子一遍遍地喊着她的名字，她醒过来了。在梦里，她的愿望达成了，孩子们一遍遍喊着她的名字，这是梦的安排。如果她顺顺利利地走出去，梦就继续下去，或转入其他梦境。这正如文学作品一般，主题既然已经揭示，作品就该结束了，梦也是如此。

E 告诉我她的梦。她在梦里和她在现实中认识的一个男人有明显的性关系。可她说无论在梦里还是现实中，她对那人一点好感也没有，甚至是有些轻视和可怜他。在我的细细盘问下，得知 E 的丈夫对那个男的也抱有这种看法。E 表示这梦真有些离奇。

根据我掌握的信息，经过思考，我可以判定这是一个愿望达成的梦。原来 E 的丈夫是个花心大萝卜，年轻时与多名女性有染，E 曾欲与其离婚。因多种原因，婚没离成。婚姻虽保持着，E 却是耿耿于怀。于是，在一个梦者自己丝毫没有防备的夜里，前意识选择了这么一个对象，来报复她丈夫。

当我作出如上解析时，E 接受了我的分析。她说，若非如此，我自己无论如何也不能接受这种荒诞的梦，我此生还是第一次做如此令人脸红的梦。

一位我经常接触的熟人，那天对我讲，你解析梦的那些论调我已是耳熟能详了，我都能解析自己的一些梦了。我让她说来听听。她说，二十几年前，她无意中瞥见自己丈夫和一个女人坐在一起，并把一只手放在那女人腿上。鉴于当时的具体情况，为顾全大局，她一直没有将此事挑明，只是（不得不承认）搁在心里。二十多年后，即前几天，她在梦里见到丈夫和那女人在亲密交谈，且把手放在那女人手上。她终于走了过去，开口道："我已经知道你们以前的关系，你们到底想怎样？"那女人听罢悻悻而去。梦里，她说很解气，一股一直憋在心里的气终于释放出来。其实，心中的结只要没解开，等到时机成熟，还是会由做梦人自己打开。此梦与上述梦的作用是相同的。

一个朋友告诉我，她因为与丈夫心有芥蒂多年，动不动就冷战几个月，在心里不下上百次地出现过欲与丈夫离婚的念头。在现实中，她明白婚姻生活是需要忍的，所以也不敢轻易就说离婚，诸多的不如意就只能压在心底。隔一段时间，她就会梦见对丈夫说，我要与你离婚。奇怪的是，凡此类梦后，她那种不痛快就像胀满的气球被刺破一下子得到了排放，心里舒坦了一些。我问，你丈夫在梦里如何表现？她说他总是一言不发。她告诉我，这个类似的梦不知做了多少次。我对她说，现实中做不出的事情，在梦中出现，就是典型的"愿望的达成"。此类愿望的达成对梦者有益，它减轻了梦者的压力。

还是这个女人的梦。她随着一群人走下屋外的台阶，还没走完台阶她就听到屋内一个她熟识的女人的尖叫声。她自知不妙——她丈夫也在里面。她迅速地返回屋内，果见丈夫有些尴尬地站在那女人边上。那女人见她进来，没有说话，只是用手势解释刚刚的尖叫，她指指那男人的手，意指那男人摸了她的私处。她明白了事情的原委，走过去狠狠地扇了丈夫两个耳光。

女人还告诉我，梦中的那个女人我也认识。我不经意地问："谁？""××××。"我惊得瞪大眼睛说："你真有做梦的才能，她这个人的性格太符合梦中扮演的角色了。"那女人也笑了。梦中的两个耳光代表了梦者清醒时积在心底的怨恨和她清醒时不敢做的事情。看来有些梦，材料是早已准备好了的。

7

我做了一个梦，是典型的与现实相反的梦。梦里讲的是一对我认识的年轻男女的爱情悲剧，我在边上看着这一幕幕，只有深深地同情，甚至为他们落泪，毫无办法改变他们的状况。醒来后的我诧异这梦的形成。在现实中，他们是一对情爱甚笃、有着 20 年婚龄的夫妻。这梦的事件是虚的，但我的情绪却是真真切切。我思索这个梦，感觉梦是为自己而做的，分明是我自编自看的一出悲剧。我心灵深处有这种需求？人需要变化，一成不变的精神生活会让人感到枯燥，即便是甜的，也会感到腻味与麻木。于是梦就将梦者引向了甜的对立面——苦。人的特性喜欢生命的多样性吗？这也因人而异，多样性能使人的内心更丰富，痛苦使人深沉，品味人生的痛苦，才能更懂得真正的人生。悲剧的魅力在于迎合了人性的需求，而使人产生感动。在给这个梦归类时，我有些为难，表象看是与现实相反，实质却是愿望的达成。

一个女人告诉我，她与另一个女人有怨，凡见面必吵架，但每次吵架都是她输，因为她没有另一个女人狠。有时，她们会动手，都被众人劝开了。最近一段时间，两人见面比较频繁（亲戚关系），吵得也厉害，如果没有他人的劝阻，必定会打伤人。今天，她跑来告诉我，在昨晚的梦里，她对她的对手又打又骂，对方被她打骂得一败涂地。听她说得那么解气，就像真的一样。梦里的情绪是真的，她的愿望达成了。

一个朋友来我这儿聊天。说着就转到了梦的话题。她对我说起有些梦，觉得不好理解。我让她具体说说。她似乎犹豫了一下，因为彼此相当熟悉，就与我摊开了。她说："前几天的梦里，我已经老大不小了，却还没有解决婚姻问题。身边的女伴介绍我认识了一位从部队回来的男人，梦里，我和他互递了信笺。虽只有眼神的碰撞，但那种幸福感却溢满全身，那分明是初恋的感觉。梦境里，周围还有不少人，其中有一位中年妇女是梦中恋人的姐姐，她拉着我的手，是那样亲切，对我说，你终于来啦，我和孩子每天都在这路口张望你。他姐姐指着一条旧路，那条路我好像非常熟悉（现实中却想不起来在哪儿）。我感动地抽泣着。总之，那是恋爱感觉的浓缩。我惊奇会做这样的梦，我已经是五十多岁的人了。"

朋友盯着我的脸，很想知道答案。片刻，她肯定地对我说，梦中的感觉是纯精神的。我照例询问了她的情绪和清醒时的一些具体想法。停顿了片刻，她问我，你知道我的身体状况吗？我回答，我们彼此这么熟悉，怎会不知道。她自顾自地说下去："不知是怎么回事，每次进卫生间洗澡，我几乎都像条件反射似的想象自己有可能随时跌倒在地，我曾经滑倒过，头昏了好几天。如果在卫生间里我中风了，谁会发现我？我们夫妻间的冷漠你是知道的，现在的婚姻全然没了生活和精神上的关注，我的结局很可能是悲惨的。我常会苦笑，像这种家庭和婚姻也必须维持下去吗？"

我明白了我的这位朋友外表看起来很独立，其实内心深处有一种对家人依附的渴望，只有梦才能让她放松紧绷的情绪，哪怕是片刻。这梦既是愿望的达成，更是颠覆了她的不良情绪。梦好似一个极好的心理护理员，虽说具有欺骗性，那是没有办法的。这是人类生命特质决定的：梦像一个尽责的保姆，对着焦虑、害怕的孩儿，尽其所能地编织着美丽而动听的故事，让孩子安静下来，并充满期望地走下去。如果认为这短暂的不良情绪的颠覆无甚用处，那就大错特错。有见过几十年前，农民挑着沉重的稻谷或肥料，艰难地行走在田间小道上的情景吗？他们有法宝，叫担拄，一根类似扁担的东西。当他们累得走不下去时，就用担拄竖直插在地上，让肩上的担子落在担拄上，肩膀微微低于担拄。此时的担拄替代了肩膀，人得到片刻休息后，又继续着艰苦的劳作，生命就是这样延续着。这梦和担拄的道理何其相似，梦更像没有崩断的皮筋，让其放松片刻后，就能大大延长其使用时间。

朋友告诉我梦的奇妙。

儿媳今天一早起来，带着两个孩子，一个七岁，一个二岁，乘飞机到外地度假。昨晚，朋友想好了，自己得帮着把他们送上出租车才行。昨晚十二点，朋友放下手中的活，计算着睡眠时间，还想着明天白天可以再补睡一会。结果她没能起来。吃中饭时与儿子说，今早我想起来帮他们，我听见了你起床后与小孩的讲话声，我就想，你既然起来了，我就没必要再起来了，然后又熟睡过去。儿子说，我没有醒过来，更没有起床帮他们。朋友再三确认是否这样，儿子说是的。她明白，是梦里出现了儿子的讲话声，是梦不让她起床，让她安心地睡。这梦，太自私了，它在骗人。

二、调整情绪，平衡心理

在一个健康讲座上，中国工程院院士钟南山抛出一条"秘密"：心理平衡是最关键的，健康的一半是心理健康，疾病的一半是心理疾病❶。有人就说过，一切不利的影响因素中，最能使人短命灭亡的莫过于不良的情

---

❶ 钟南山原话："最好的医生是自己。"摘自上海知青网，2016.8.29.

绪和恶劣的心境。人的心理平衡是极为重要的，它关乎到人的健康，要做到心理平衡，除了主观上的努力，客观上，梦也能助你一臂之力，关于这方面的梦是很多的。

1

一天晚上，我看书写作到后半夜一点半，因没能准确地表达出想要表达的意思，涂鸦的东西很不理想。夜深了，年纪大了，不敢不休息，躺在床上情绪有些焦虑。夜实在深了，很快就迷糊了。是梦境还是幻影说不清楚，一面由大大小小颜色鲜亮的鲜花组成的会波动的鲜花墙从不远处向我飘来，很快来到我眼前。向来喜爱鲜花的我忍不住去抓，花墙却从我的指缝间溜走了。

我被这景象逗乐了，我觉得这些花是在撩拨我。我有发笑的理由，这情境真像小孩在哭泣，大人给了一个有趣的玩具，马上破涕为笑了。第二天醒来，觉得昨晚的睡眠不错，惊叹这梦的功力。

昨晚的梦再一次佐证了我的梦经验。

深夜，我看到《美术报》中有一篇关于发生"灵异"现象的文章，然后陷入沉思，怎么会发生"灵异"现象的呢？思索后，我认为"灵异"的发生，是因为感受到"灵异"的人主观上的强烈愿望所致，是一种纯主观意愿引发的非客观的现象。我到现在还不能确定自己的想法是否正确，但当时确是激动、兴奋了一番。睡前担心这种情绪对睡眠不利，但你控制得了自己的情绪吗？很难！几小时后终于睡过去了，梦中尽是一些不愉快的事情和情绪。一个在生活中经常接触的人对我处处提防，好似我是一个小人。当然我也与她怄气。长时间的这样颠来倒去，直到醒来。这个梦再次证明了我的观点，睡前情绪如果激昂，梦里就是负面的情绪，这是健康的心理机制在平衡你的心绪，使之避免危险。这个经验我屡试不爽。平衡的心理对人的健康起着异常重要的作用，许多疾病源于心理的不平衡。不平衡危及身心健康甚至寿命，造物主给了人类一根平衡木，即做梦。

2

我有一位熟人，她的同学在五年前因突发脑溢血瘫痪在床，半年前有人扶着能在路上慢慢地迈着僵硬的腿脚走上几十步了。这位熟人在梦中看见她同学已经完全康复，在摊位上灵活而快捷地干着活。这位熟人说，梦里我是那种吃惊的高兴，原来悲伤的事可以如此出人意料地转化，她不禁感慨这件事简直令人难以置信。开始，我不太理解她的梦，何至于为一个不太相干的人如此动情？于是，我问她在自己身上是否有发生什么事。她沉默了一会儿对我说："女儿与女婿经常吵架，这次吵架已经个把月了，两人还未和好，其间是我多次打电话催女婿回家，昨晚我拨了多次女婿的电话，他干脆就不接，我是在愤怒和不安以及自我宽慰中睡去的。于是，便做了这梦。"这就对了，我对她说，在这个梦中，你用别人的事来调整自己的情绪，梦里你是吃惊的高兴，感慨这事难以置信，这些好情绪调整了你睡前的负面情绪，这是梦的实质性作用，与别人无关，这个梦只是有利于你。

一对丧偶的老年人相识了，俩人颇谈得拢。那女的对我说："两人情意绵绵，相见恨晚。"女的给男的买了一顶帽子，男的戴上那顶帽子特帅气，两人都很开心。可后来，男的把帽子弄丢了，女人不高兴了。一个月后，那男人出了车祸，重伤住在 ICU，女人伤心地瘦了一圈，情绪极度低落。这一天，她梦见那男人跟她说那顶帽子找到了，她在梦里一下子就变得开心和放松了。这就是梦的作用，表面上看是梦帮她实现了愿望，实质上她得到的是情绪的调整。不让梦者的情绪一味低落，这对梦者的生存有利。

一个朋友向我说起一个梦。梦里，他与自己结怨多年的朋友一家亲热地在一起，场面使人愉悦，梦者甚至把可以发财的秘密告诉了这位朋友。梦醒后，梦者无法理解梦的含义。梦者告诉我，梦后他心情轻松。这是一个典型的与现实相反的梦。循着我解梦的原则，这可能是因为梦者与他朋友结怨太深，导致梦者心理上负担沉重，心理机制造就了这个梦境，使梦者在梦里和醒后心情轻松。分析这个梦比较有意思，如果是心理机制的干预有了这个梦，说明梦者的心理是健全的，还有一种可能是梦者前意识里有这种愿望，他的性格里蛰伏着宽恕。不管哪种原因，做这类梦对梦者是有利的。

这个梦表面上看与现实相反，实质上是改善梦者的不良情绪。

弗洛伊德一次夜间乘火车遭遇同一小室的一对英国男女（看上去像贵族）不礼貌的对待，这使他极不痛快。弗洛伊德在火车上做了梦，梦中的情景与火车到达地点时叫喊的站名等混杂在一起。梦中，弗洛伊德觉得换过了车厢，里面有好多人，包括一对英国兄妹，车厢的墙上书架排着一行书：那男的提起关于席勒的一本书，问他妹妹有没有忘掉。弗洛伊德说，这些书似乎像是我的，又像是他们的，我想加入他们的谈话，为了要证实或者支持前面所说的……我与这对兄妹（用英语）交谈，提及一件特殊的工作："这是从……"但接着自己改正为："这是由……""是的。"那人和妹妹说："他说的对。"

这个梦实际上给了弗洛伊德极大的满足，梦中的弗洛伊德靠着自己的学识，获得了梦前遭遇不尊重状况的改变。这是一个典型的调整情绪的梦，对梦前负面的心理情绪来个匡正。这就是此梦的作用。

一位年轻的朋友与我说起一个梦。她在恋爱期间，一面是对男方感情上的倾注，另一面对男方是否对她诚心持有怀疑，这使她心神不宁了一段时间。一个出差在外的晚上，她的情绪极不稳定，半夜两点后，她很困，带着眼角的泪睡着了。可醒来时，怎么有甜蜜的感觉？睡前不是很糟的心境吗？噢，方才是刚从梦里走出来。她尽力回忆梦里的情景。细节已模糊，只记得梦里与一小孩在一口水井边玩游戏，整个过程似乎是越玩越开心，越玩越轻松。梦醒了，情绪与睡前截然不同，她的心理得到了平衡。这也是梦的调节作用。

我兄长发生意外从木梯上头朝地跌落，成为植物人了。我与他从小感情就好，他的意外遭遇使我难以接受，那段时间，我的情绪低落至极，走在街上飘至耳际的音乐都是悲戚的。如此持续了两三个月。一天晚上，我梦见他在现实中存在的缺点扩大了N倍，现实中他是个节俭的人，我经常劝他大可不必，他总是温和地笑笑。在梦里，他将人家弃之不要的食物带回了家，还对我说，洗洗再烧过没事的。劝他也不听，这让我有些鄙视他。梦醒后，我明白，这是心理机制在干预我的情绪，让我的不良情绪转移。

我认为，凡是梦见托梦的，都是梦者自身潜（前）意识在梦里的投射。

3

下面讲一个朋友女儿的梦。老实说，这个梦与前几个梦的目的是一样的，只是"手法"有所不同，据我所知，前几个梦里的人确实存在着有些令人讨厌的缺点，梦就将这些缺点扩大，让梦者悲伤的情绪转为讨厌，从而达到不良情绪转移的目的。而在这个梦里，因为现实中女儿确实也没有对逝者不满，梦就用温和的手法转移梦者的悲伤情绪。我猜测，在梦者的前意识或意识里，有可能存在认为出生在大户人家的女儿是幸运的念头。

我的一个朋友在五十岁那年因顽疾治疗无效去世了，家里留下的妻女常常泪眼婆娑。确实，我们都知道这个男人活着时对妻女的责任心无可挑

剔。对于这种事，旁人的劝说是苍白无力的，只能自己慢慢想通才有效。几个月后，我去看望这母女俩，母亲向我叙述了她女儿的一个梦。

梦里，女儿有一种被闷了很久的感觉，见母亲在厨房忙活，她便偷偷地溜了出去。当她漫无目的地走在路边公园时，意外地发现自己的父亲像是在等候她似的，笑眯眯地同她打招呼。她有些惊奇，怎会在此地遇上父亲？于是父女俩就坐在公园的石凳上攀谈起来。父亲告诉女儿："你和母亲不要再挂念我了，我现在托梦给你，我已转世投胎在南方一大户人家，是他们家的大小姐，接下来我的命运是非常顺的，你和母亲就照顾好自己吧。"说完，父亲瞬间就不见了。女儿急得醒了过来，将这等奇怪的梦说与母亲听。母女俩将信将疑，也还有得到一些安慰的感觉。她们讲给我听，想让我说个究竟。当时我（十五年前）自知火候未到，也不敢贸然分析，现在可以分析一把了。当这位家里的顶梁柱倒塌时，母女俩当然觉得天塌了，俩人的情绪进入低谷。长此以往总不是事情，于是心理机制就启动了，开始干预不良情绪。它运用了梦者固有的文化，使之能相信梦中之说，让梦者的心情有所好转，这就是梦的目的。

有时候，梦是谜，你若一定去揭开谜底，对梦者不一定是好事。若当年我具备了火候，但不懂事理，照直说出谜底，岂不拂了梦的好意。

4

两天前，孙子（三岁少两个月）的母亲清晨出远门，让我照看一下孩子。六点半到他房间时，看他把被子蹬了一些，我怕他着凉，就将被子从他身下拉了上来。这动作把他弄醒了，他睁开眼一看是我，就哭闹起来："我要妈妈。"我好生劝慰，他不听，反而更来劲。"我就是要妈妈……"

就这样哭了约十分钟，哭得满脸是泪。我说，我没有办法找到你妈妈，你妈妈现在在飞机上，你去找她吧，我也不陪你了。我佯作走状，这小子才止住哭，说，那你陪我吧。很快他就睡着了。过了约十多分钟，在睡梦中他发出了"咯咯"的笑声。我想方才哭得厉害，现在是笑得甜蜜，这是又一次做出佐证，心理在平衡。刚想完毕，又传来"咯咯"的笑声，这佐证真是太强有力了。

除了心理平衡的梦外，孩子的梦是现实情景的再现。我发现他们的梦话都是现实中的事，幼儿阶段现实的再现，是记忆的强化，这有益于学习。在幼儿阶段需要学会的东西太多了，他们在这一阶段的进步是日新月异的，随着年龄的增加，梦的各项功能才会逐步增加。这是我对幼儿梦的看法。

做梦是什么物质快速地将脑海中极端的情绪清除，立马置换成令人满意的情绪？有可能是自身分泌的化学物质吗？原本以为做梦纯粹是心理机制的事，看来要调整原先的看法了。在心理情绪的转换过程中（情绪转换的梦类），我认为梦很有可能是生理和心理共同参与的，它们拥有的是同一个有机体。它们之间的关系是相互依存的。做梦时有可能由生理提供一定的化学物质，如多巴胺、乙酰胆碱等，或许还有没被现在的我们所发现的物质。在此声明：仅是推测而已。

5

几年前，旧时的两个在外多年的年轻朋友来看望我们，那时他们已经是高级干部了，对我们是尊重有加。我退休在家难免有些寂寞，看到他们那谦逊的态度和已经做出的成绩，我的内心犹如见到自己亲弟亲妹般地喜悦和兴奋。多少年没有这种感觉了，而晚上的梦却把我推入地狱。

梦里，我进到一个大房间内，里面横七竖八地躺着好几具尸体，有一两个是临死前的模样。我不小心碰到了一具尸体，尽管知道自己几天后也会死在这里，我还是在水龙头下洗了手。一位医生进来，好像是查病房的，我欲问医生几个问题，又想已经没有意义了。我知道自己还有三四天的时间，于是我向医生提出让我出去自由两三天，到最后一天我会来报到的。医生说我有一定的道理。在相当的压抑中，我醒了过来，当时解析此梦是对情绪的平衡。一个小时后我又睡着了，梦里我得了不治之症。医生说我需要住院动手术，虽有人说会陪护我，但我看穿了他们心里的不愿，孤独感油然而生。人生的终极赫然在目，不能不接受。因为第一个梦还不能平衡心理，接下来继续往平衡木的一头加码。

常会看到过度的快乐对健康不利这种信息，生理上退出兴奋就会增强免疫力，同样地，心理上退出兴奋，有益于保护心理的健康。我所知道的在极度的兴奋中出事的较多。朋友间谈起，一老妪爱搓麻将，那天总是和，乐得她哈哈大笑，结果倒在了麻将桌下，再也起不来了。另一位是看电视上的足球赛，自己喜欢的球队胜了，开心地大叫，结果也是瘫倒在沙发上，去世了。这就是物极必反，把我推入地狱的那个梦，虽然是噩梦，我认为这是在保护我的身心健康。

有一个道家故事说，"两晋"时，有主仆两人，主人家有财产百万，生活富裕，但睡不好。仆人年龄大，每天干活辛苦，晚上却睡得很香，梦中的自己变成了国王。而主人的梦中自己变成了仆人，听人使唤。主人很烦恼，友人安慰他道：一个人哪能白天黑夜都占到便宜。

我解析这梦，就将它归到"心理平衡"类。别以为白天遇到好心情就一定是好事，坏心情就一定是坏事。正如前面我举的例子，白天或睡前感觉太好，晚上多是做噩梦；相反，白天或睡前情绪糟糕，梦中多是甘美的。我们常见的婴幼儿在清醒时兴奋大笑，在梦中就容易大哭大闹。这现象我是听人说过，后来经过自己的多次观察，证实了这种现象的存在。通过看书后知道，人有一种潜在的生理机制，增加或降低前脑中的乙酰胆碱的活性，甲肾上腺素和5-羟色胺的活性以及多巴胺，涉及四种神经递质之间平衡关系的失调，能引发人体做恶梦。于是，我就推测，人在兴奋或情绪低落时，这四种成分必定有增加或降低，这就打乱了神经递质之间的平衡关系。所以，睡眠中的噩梦或美梦其实是在做修补、平衡工作，醒来时，一切都好了。我在这里只是提出这问题，若有实验数据的证实，这一问题才可说真的得到了解决。

德国诗人、剧作家、思想家歌德捕捉到了梦的魅力，他说："一生多次发生过在哭泣中入睡。但在梦中，最有魅力的形式就会来安慰我、鼓励我，次日清晨我起床时，就身心俱爽，其乐融融。"歌德的这段话和诸多人做的梦，可否成为我的"梦的功能之一——平衡心理"的引证呢？遗憾的是歌德没有与此相反现象的记载，这可能与诗人的性格和情怀有关吧。

6

还是我自己的梦。几年前的一个夜晚，因那段时间不少琐事落在我身上，焦灼的情绪堵塞着胸膛，糟透了，内心有快崩溃的感觉。两三点以后，人疲劳地睡去了。奇怪的是在零零碎碎的梦境中，心情有些甜蜜，梦中尽是令人高兴的事，醒来后的感觉是甘甜的。这又一次佐证，梦确实有作用，像一只看不见的手在摆弄着我们，而我们却毫不知情。

弗洛伊德给好友威廉·弗利斯的信中这样写道：还记得伟大的莎士比亚通过麦克白之口向无计可施的医生提出过恳切要求吗？麦克白这样对医生说："难道你不能诊治那种病态的心理，从记忆中拔去一桩根深蒂固的忧郁，拔掉那写在脑筋上的烦恼，用一种使人忘却一切的甘美的药剂，把那堆满在胸间、重压在心头的积毒扫除干净吗？"的确，莎士比亚（借麦克白之口）所言不会改变、不能转换的忧郁、烦恼，总是堆满在胸间，重压在心头的积毒，确是一种病态的心理。健康的心理机制，通过做梦能使人大大减轻这种负面的情绪，可以说梦是心理调整的一副灵丹妙药。

弗洛伊德《梦的解析》披露了一个可以佐证我的观点的梦例。做这个梦时，弗洛伊德的阴囊上方长了一个苹果大的疖子，清醒时痛苦万分，一行动就感穿心之痛，全身发热，倦怠，了无食欲，加上白天繁重的工作，几乎使他崩溃。在夜里，梦则呈现了一种对病痛最强烈的否定方式，弗洛伊德梦见自己骑在一头十分聪明的马上，感觉轻松自如，越骑越舒服，也越骑越熟练。梦中有个雇童拿着弗洛伊德的札记本，上面写着"不想吃东西，不想工作"。随后，弗洛伊德用了近两千字来描述和解析❶。这个梦，我觉得弗洛伊德的解析太过繁琐和牵强，我是不敢苟同的。按照我的解析，梦者因为白天的病痛而担心晚上睡觉会受到影响，这是梦者所不愿意的。但他使用了膏药敷料，一是药物起了作用，二是心理启动了梦的机制（即我屡试不爽的那个梦经验），使他在睡眠中这般舒适。虽是舒适，但札记本上写的却是"不想吃东西，不想工作"的真实状况，梦境是一副矛盾调和了的景象。

---

❶　（奥）弗洛伊德. 梦的解析［M］. 合肥：安徽文艺出版社，1996：122.

7

再说我自己类似的梦。一次，我患上了肺炎，体温39摄氏度，胃口极差，整天没有吃东西，身体软绵绵的，躺在床上心里发愁，这日子难熬啊。第二天夜里，在我迷迷糊糊的睡眠中，始终有一轻松、欢快的旋律萦绕耳际，反复、长时间地伴随着我。我禁不住说，谢谢你，我的平衡木。第三天的梦里，我走在路上，忽被一辆汽车撞倒在拐弯处的墙角上，幸好没被撞伤。我怒视着这辆因转弯速度太快而倾翻的车。定神看时，我不禁目瞪口呆——这是一辆外形特像皮鞋的车，它很有艺术性，外表是古铜色的牛皮，牛皮内是一层海绵，车子上面还系着鞋带。路人见这车横冲直撞，也都不服，从汽车里爬出来的驾驶员见势不妙，拔腿就跑。有人喊："追！"我也像年轻人一样地冲了上去。

而后，我到了一处播放着美妙音乐的大厅。大厅前，帷幔低垂。除了桌上缕缕茶香飘逸，里面还坐着一位爱读书的大演员。他在喝茶，见到我闯入，似乎一点也不吃惊，说，有时间常来喝茶。我问，你认识我？他不置可否。梦里，我有一种满意和欣喜的感觉。我醒来后，又睡着了，梦里，偶然间，我进入了一处私家花园的一隅，那种幽静真没见过——一汪清澈的池水，若有若无的小鱼在游弋，池水浅浅的，池里摆放着青色的石头，水比石头高出十厘米左右。定睛一看，原来是明朝的石头。石头上的线条是浅浅地斫出来的。看到此景，我不禁感叹，真考究。池的上方有几块假山石，石中细竹横斜，那位著名演员坐在假山石上钓鱼。我打了个招呼："真早。"他回："你好。"难怪，原来是他家的花园哦。

梦里，池水发出涓涓的流水声，那个花园的艺术性真令人神往。为什么在身体如此虚弱的时刻会做如此美妙的梦？这不是梦的作用，又是什

么？什么作用？平衡作用。梦所能做的只有如此了，多么了不起。

早上醒来前的梦里，我手上拿着一张通知书，我被上海的一所大学录取了。找到有关人员询问，那人对我说："你被录取的学校抬头是在上海，但就读的地点设在本地。"怎么会这样？我似被泼了半盆冷水，伫立着，难以决定究竟是读还是不读。

做梦当天，自我感觉蛮不错的。关于梦的思考和研究，有些模糊的东西已经逐渐变得清晰。自信是情绪的主旋律，我有点飘然的感觉，醒来前的梦敲打了一下，我沉静了下来，我明白这会更有利于我。

"日本东京艺术大学和脑科学研究所的科学家发现：听曲调悲伤的音乐实际上会引发积极的情绪。研究者对此解释为：通常来看，悲伤的音乐会引起听众的悲伤感，而悲伤感被视为一种不愉快的情绪。被视为悲伤的音乐实际上既会引发悲伤的情绪，也会引发浪漫的情绪。不论人们是否受过专业的音乐训练，他们在听悲伤音乐时都会体验到这种复杂而又矛盾的情绪。这种同时存在的矛盾情绪是理解悲伤音乐快乐之处的关键。"❶

以上是日本专家（科学家）对听悲伤音乐后反而改变了情绪的一种解析，我认为（我的观点来自对梦的思考）清醒时刻的情绪也是遵循"否极泰来"的法则。我把情绪想象成气球，正常状态下它就在正常地带飘荡，当外力对它产生压力时，它就会悠荡着往下落。这时，干脆把气球用力地往下拍，气球极快地一触到底后，迅速地往上弹。这是健康人所具备的"自救"机制，与做梦时的情绪宣泄原理相同。

---

❶ 摘自《文摘周报（14版）》，2013.7.26

音乐是人感情的表达。原先有悲伤情绪的人，音乐在耳际的萦回，一如倾吐衷肠，反会顿觉轻松起来。原先是正面情绪的人接受了悲伤音乐后，对他们肯定有影响，但不至于深入骨髓，所以体验到的是一种复杂而又矛盾的情绪。

我还认为，做这类实验应该是（文中不明确）对个人分别地进行实验，对参加者来听曲调前的情绪底色应有所了解。我想，原先情绪不同，听音乐后的感受也会不同。如果众多的听者议论或回答听音乐的感受，那后面回答这问题的人，其中受暗示的成分也许会很高。人是很容易接受暗示的，这在我的另一章"接受暗示的梦"中有提示。还有，我在生活经历中通过观察得到接受暗示后的事例足以说明，分开问答对听音乐后的感受是十分必要的。

这一段内容看上去与做梦无关，但情绪的转变与做梦的原理太相似了，实在不忍割爱，请谅解。

三、将不良情绪转移和发泄

1

我家阿姨（保姆）在某年下半年，娘家发生了变故，七十岁的父亲在前往买菜的路上，骑着自行车，不慎掉入了路边的深沟，待到别人来告知家人赶到时，老父已气绝身亡。阿姨奔丧回来时还悲哀不断，不时地抹眼泪。过了四五个月，快到清明了，这天晚饭后，我到公园散步，在公园路边的石凳上，我家阿姨和另一个女人坐在一起。我走上前，向阿姨打招呼，谁知她不太理我，仔细一看，原来她泪流满面，不停地在抽泣，我忙问是怎么回事。旁边的女人替阿姨回答我：“我们是认识的，我问她今年清明回不回家。她就说起老父的事，说着说着就伤心成这样。”阿姨已经讲不出话了，我劝慰她，这是没有办法的，保重自己吧，阿姨点了点头。

第二天我起床后，阿姨问我：“昨晚怎么会做这种梦呢？”她知道我对梦特别感兴趣，就径直往下说：“梦里，我好像还未出嫁。在干活时，父亲叫我去烧饭，我烧好饭菜后，父亲就开始吃饭了，刚吃了两三口，父亲对我大骂起来，这菜有馊味，这是怎么做的？让我吃这种馊饭菜是什么意思？接着就拿起桌上的碗，向我扔了过来，我又气又怕，委屈极了。父亲指着我说：‘今天你要不好好干活，饭就别想吃了。’那个凶样叫我害怕，在梦里我只能哭泣，最后哭醒了。”

听罢讲述，我沉默了一会儿，问她：“昨晚你很伤心，几乎是在悲伤中睡去，是吗？”见她点点头，我又问：“那梦中哭醒后的情绪还伤心悲哀吗？”她说恨父亲，悲伤没有了。我拍案叫绝：“这叫情绪的转移，你难受，你悲痛欲绝，这种情绪对你不利哦，于是心理机制出手了，在短时间内迅速调整你的情绪，让你的悲伤不再继续。”转移❶，是人体对不良的心理情绪使用的保护机制，它用于免受痛苦，或免受无法接受的情绪，避免使自己成为情绪的牺牲品。

无独有偶，有一位亲戚来我家，谈起前几日女儿打电话给她，说自己一周前的冬至给父亲上坟，回来后晚上做了个噩梦，因此她让母亲来问我。亲戚告诉我，冬至那日因她有事走不开，就由女儿一个人去给去世不

---

❶　通常在无意识的情况下使用，由弗洛伊德提出，属心理防御机制。

到一年的父亲祭祀（逝者才五十多岁）。回家后，女儿梦到，自己回到家，只见家中有很多客人在家里喝酒，父亲喝得酩酊大醉，躺在地上，女儿欲叫父亲起来，父亲却一副死赖的样子，拖也拖不起来。女儿告诉母亲，自己在梦里讨厌父亲，觉得真是丢人现眼。怎么会做这样的梦？女儿感到奇怪。听罢，我对亲戚说："你现在就打电话问你女儿，她在上坟的时候，一个人是否哭得很悲伤？"亲戚打通电话问："那天在爸爸坟前，你是不是哭得很悲伤？"女儿问母亲："你怎么知道的？的确是这样。"我就对亲戚说了，她女儿做这个梦是因为心理上的情绪转移。她似懂非懂，只是对我猜出她女儿上坟时的情景感到不可思议，此梦与上述的梦如出一辙，这是归纳推理的结果，经验论对我来说是认识梦的一个重要方法，不知能否成为一种解释梦的经验理论。

又是一个熟人告诉我的梦。那天晚上，她与女儿讨论到一个问题。亦或是喝过酒的缘故，女儿对母亲在言语上十分不敬，女儿离开后，我的朋友非常生气，欲打电话与她澄清，谁知女儿根本不接电话。躺在床上的她自然无法入眠，对女儿百般付出，竟然落得如此下场。此时的她有一个明确的想法：我不能光是落泪，我得改变自己，现在不是很流行一句话吗？"当你改变不了别人时，就试着改变自己。"到后半夜，她终于睡着了，做了一个梦：梦里有条直径约十厘米粗的蛇从洞里冒出来，并直立着半个身子，口中吐着信子，似乎在向她挑衅。她不知哪来的勇气，拿起边上的一根木棍使劲向蛇头劈去。这条蛇倒下了。很快地，又有无数条蛇用同样的方式向她挑衅。这反而激起了她的斗志。她说，那场景颇像打地鼠的游戏，她毫不手软，劈了这条劈那条，越劈越勇，越劈越准，终于，所有蛇都被她打瘫在地。蛇全倒下了，她舒了口气，"我赢了"。她心中全然没有怕，只有厌恶的情绪。早上醒来，她心情不错。我对她说："这是一个将不良情绪发泄的梦。"

2

个性对梦的影响很大，个性不同，梦的内容、形式也就会全然不同。我以为，解梦要根据梦者在梦中的感觉（情绪）去把握梦要表达的东西，才能准确地解析出梦的意义。否则，就容易得出似是而非的结论。

人是万物中最具有创造力的，人在做梦时即在自己的心灵深处体现出不凡的创造力。

昨晚的梦里，我行动轻便得会飞，翻一个跟头就停在了我要看的古董摊位前，在一个个摊位前观赏着各式各样的古董和工艺品。我好像很内行，摊主也说我眼力不错。梦里换了镜头，原先住在隔壁的老鲁从杭州搬回来住了，还带回一套做工精致的藤制家具。我一直喜欢藤制家具，也想去买一套。梦境里似乎没有制约，相当随心所欲。分析一下这个梦吧，在梦里，我飞起来，翻跟头，这些在现实生活中是不可能的；梦里我心情极佳，包括摊主说我眼力不错，我的感觉就像是飘起来了；现实中，我一直想买一套藤制家具，在梦里，实现这一愿望更近一步了；在睡前，想起这次房屋的拆迁会使许多老友难以再见，梦中偏偏有老友搬回来居住……

梦中多个梦的片段让我的心情飞起来，我欲抓住梦中的情绪体验来作进一步解析。回想近段时间，我的心情一直处于不平稳的状态：自家房屋拆迁，经济补偿极不合理，再加上自身恋旧的性格，搬离原址后，心绪有些不宁。然总是识大体的人，一再劝说自己要理性对待身外之物，但本能还是时不时地冒出来干扰一下，使情绪陷入负面（压抑）。是否心理机制

的启动让我的情绪来个颠覆呢？梦中的情绪被放飞了。

雪中送炭是梦的旨意，锦上添花会适得其反。还是康德的那句"造化知道什么对她的物种有利"道出了此梦的原意。

3

以下是弗洛伊德的一个梦。

做梦的当天下午，弗洛伊德因为闷热的天气和疲倦的工作，感到下午的那场他的演讲毫无意义，一种否定自己的情绪充斥心间。在这种情绪下，他挣扎在厌恶感中进入睡眠。夜里，他做了一个最令人满意、最惬意的思潮所造成的梦：一个小丘上面，看来是一个露天的抽水马桶，它的后缘满满地盖着许多小堆的粪便，他向着座位小便，长条的尿流把所有东西洗净。粪堆很容易被冲掉，跌入空洞中。在梦中，弗洛伊德似乎成了希腊神话中的大力士，把什么都冲净的小便，无疑是个伟大的象征。一个相反而且强有力，几乎是夸张式的自我肯定的情绪置换了前者。在对此梦的分析里，弗洛伊德照例是绕圈子地倒腾着他的梦理论。最后还是不能让读者明白他的梦到底该如何定义，以下我对这个梦的解析比他要简单明了得多。

梦里的粪堆象征着白天令人厌恶的情绪，那长条的尿流是意念似的冲刷着恶劣的情绪，结果梦里的自我肯定夸张式地置换了前者。这是弗洛伊德的心理机制在干预他不良的心理情绪，通过这简单的梦情节，使他白天对自己的一切不满情绪得以颠覆，这个梦的因果关系，可以说一目了然。弗洛伊德的情绪得到了彻底的改变，这就是梦的作用。此梦是对心理的保护。在这个梦的下一例梦中，弗洛伊德说到一位老绅士由睡前性无能的沮丧而转为在梦中大笑醒来。梦的经过：一位老绅士认识的另一绅士走入房间，老绅士想把灯开亮，但办不到，他一次又一次地尝试，但都不成功。然后他太太下床想帮助他，但她也一样办不到，由于穿着晨褛在外人面前觉得不好意思，所以她也放弃了尝试而回到床上。这一切是那样的可笑以至于那位老绅士无法忍住大笑。他太太问："你笑些什么？你笑些什么？"老绅士还是一直大笑，直到醒来。弗洛伊德分析：进入房间，那位他认为的绅士由梦的隐意看来是死亡那"伟大的未知"的意象——一个前一天在脑海中浮现的意念。这位老绅士患着动脉硬化症，因此有理由在那天想到死亡。他所不能再扭亮的是生命之光，而不可抑止的大笑则置换了那因为他必须死亡所带来的哭号与饮泣。❶

　　我认为此梦是老绅士睡前将性无能的沮丧带入睡眠中，而梦成功地把性无能的忧郁以一滑稽的景象表现出来，使老绅士把哭泣变为大笑。弗洛伊德所做之梦与老绅士之梦的作用和目的如出一辙。尽管他们都属颠覆不良情绪的梦，在这类梦中，情绪的大变化与大脑中化学成分的变化是否有关系？这是我再次提出的问题。我是已经无法解决了，只有仰赖于后人的实证了。

四、噩梦——焦虑的释放和宣泄

1

　　一个母亲告诉我的一个梦。梦里，她正欲上楼梯进入二楼，却发现上

---

❶　（奥）弗洛伊德. 梦的解析 [M]. 合肥：安徽文艺出版社，1996：320-323.

楼的门被封住了，无论如何也上不去了。正在此时，从楼上传来了初生儿的啼哭声，这母亲说，她心知肚明，是她的儿子生下了婴儿。她是多么地担心儿子能否承担起这个任务，但又确实无法上楼帮助他。于是，她有了一个强硬的想法，欲对儿子说，既是你自己产下的孩子，只能由你自己承担了。我试探性地问："平时你很担心儿子吗？"这母亲默默点头。再问："具体因为什么？""什么都担心，担心一切。"我说："担心不起作用，还累及自己，在这种沉重的压力下，你的梦为你推掉了大半的压力，这就是你想对他说的，既是你自己的孩子，只能由你自己去承担，梦里的孩子是梦的隐喻，即结果。"

2

私奔（小小说）

父亲发现十五岁的女儿不在家，留下一封信，上面写着：

"亲爱的爸爸妈妈，今天我和兰迪私奔了。兰迪是个很有个性的人，身上刺了各种花纹，只有四十二岁，并不老，对不对？

"我将和他住到森林里去。

"当然，不只是我和他两个人，兰迪还有另外几个女人，可是我并不介意。我们将会种植大麻，除了自己抽，还可以卖给朋友。我还希望我们在那个地方生很多孩子。

"在这个过程里，也希望医学技术可以有很大的进步，这样兰迪的艾滋病可以治好。"

父亲读到这里，已经崩溃了。

然而，他发现最下面还有一句话："未完，请看背面。"

背面是这样写的："爸爸，那一页所说的都不是真的。

"真相是我在隔壁同学家里，期中考试的试卷放在抽屉里，你打开后签上字。

"我之所以写这封信，就是告诉你，世界上有比试卷没答好更糟糕的事情。

"你现在给我打电话，告诉我，我可以安全回家了。"

父亲当即泪奔!

我看着这篇三百字的小小说，不禁为它叫绝。它为人的焦虑宣泄的梦，作出了最妙的诠释。人的心理就是如此，稍有不如意，就愁绪萦怀，但遇到真的大事时，原先的那些就显得微不足道了。在比较之下，原先的郁结一扫而空。

这父亲就像刚做完噩梦醒过来一样。

这是一个绝顶聪明的女儿，她懂得用这假设的情节，来取代她期中试卷成绩不佳的结果，可以说是根本不成问题的。父亲可能会破涕为笑。没有这些可怕的假设情节作取代，这父亲可能会揪住女儿不放。

有些梦，就是运用了这些取代手法。梦中情节异常可怕，醒来后，却发现现实一切安好。而现实中的那些原以为是严重得不能再严重的问题只是小菜一碟。那种郁积的情绪即刻一扫而光，现实变得完全可以接受了。这是梦运作的奇妙，它让一些背在肩上不堪重负的石子得以倾倒。这类梦很多人都做过，只是不解其意，没有去作思量罢了。

<h1 style="text-align:center">3</h1>

一位七十岁的老女人，特别瘦。因为熟识，对我说起自己打小就胆小。在她记忆中，凡听说认识的人去世了，她就会被吓得不轻。她的一生就在战战兢兢中过来了。最深刻的是在三十多年前，她娘家隔壁一个年龄与她相仿的女人去世了，这件事可以说让她寝食不安。丈夫上夜班，她就不敢入睡，实在困了，就打一会儿盹。一天，她睡过去了，那个去世的人在梦里找上门来，对她说："你原来在这里，我找你找苦了。今天总算找到你了。"这女人吓得醒了过来。我认为这是一个宣泄的梦，这女人的胆小程度，可以说是不可思议的，这给她的生存造成了障碍。梦就演示了最可怕的一幕，让死者来找她。这就像一幕戏到了最高潮后，必定落下帷幕——没戏可演了。经历了梦中最可怕的情景后，其他一切都是可以接受的。

著名心理学家阿德勒说，一个对黑夜这种普通而正常的现象深感恐惧并进行顽强抵抗的人，可以确信无疑地说，他从来没有与人生达成一致，从来未能接受生活在地球上这一事实。❶

有个阿姨（保姆）很会做梦。她对我说，梦里她有干不完的活，现实中，在她没出嫁前，生在山里的她总被母亲呼来唤去，一件事没做完母亲

---

❶ （奥地利）阿尔弗雷德·阿德勒. 理解人性 ［M］. 陈太胜，译. 北京：国际文化出版公司，2007：184.

已给她后面安排了好几样活儿。她在娘家的日子（五个兄弟姐妹就没让她读书）里落下了焦虑，所以梦里总是有没完没了的活等着她干。等到她嫁了人，生下女儿，她母亲才醒悟对不住这女儿，就把这外孙女接到自己家里养了，供养到她读完大学。唉，人的命运不可捉摸。我又问她是否有做奇怪的梦。她说："小女儿小时候，我总是梦见娘家门前那条溪流突然发大水，我在溪边干活，眼睁睁看着大水把在一旁玩耍的女儿冲走了。这是一个做了多次的梦。我嚎啕大哭，于是就醒了。"沉默片刻，我问她，你小女儿小时候是否身体不好，经常生病，你很担心？家里经济是否也很紧张？她略微回忆了一下，答道："是的。"她又告诉我另一个梦，梦里她还未出嫁，她和小妹在雪天上山拾树枝，发现了一棵巨大的松树，其中被雪压断的树枝很多，只是还挂在树上。小妹爬上去砍那些树枝，正卖力砍着，突然从树上跌落，手脚摔断了。她欲哭无泪，急得不知如何是好。她说，我主要是担心没钱给妹妹疗伤。她站在那里，随后惊醒了。

她从这两个噩梦中惊醒后，着实感到庆幸，庆幸她小女儿和小妹平安无事。实际上，这些正是宣泄、释放焦虑的梦。这类梦虽是噩梦，但从梦中醒来，梦者觉得原来现实比梦中好多了，与梦相比，现实世界是可以接受的，人无形中卸掉了重负。梦的作用是多么巧妙。

一天，一个二十岁的姑娘给我讲她做的梦。梦里，她和闺蜜到自己老家门前的山坡上玩耍，山坡上长满了枯黄的野草。她想，这是我大姊家的地，我把这些野草烧光了当作肥料，岂不是很好？于是，她就用打火机点燃了枯草，火势越烧越猛。正当她担心风可能会让火蔓及上面的树林时，偏偏一阵风吹来。霎时，火光冲天，树林的半边烧起来了。她边让闺蜜报警，边找水救火。她正急得直冒汗时，惊醒了。我问了这姑娘几个相关的问题，都被她否认了。于是，我就直指这是她的性格所引发的梦。我问她，在平时，你对自己的所作所为会有所顾虑吗？她回答，是的，总是小心翼翼，生怕不小心惹祸。我明白了，这就是她做这个梦的原因。她的性格造成了她的心理压力，当心理压力实在需要排解时，梦就帮助了她。惊醒后，她会觉得原来是虚惊一场，现实仍然安好，就此宣泄了焦虑。

有一个我远房表妹近二十年前的梦。

我那表妹的丈夫在当地的一个重镇里当头头，是个巧舌如簧的角色，而且见到稍有姿色的女性就会兴奋，还听说与多位异性有染，表妹自是有苦难言。一次，单位派三人去江苏镇江出差，公事办完，另两位同事提议去金山寺玩玩，三人便一同去了传说中法海和尚所在的金山寺。那段时间，正好表妹的情绪非常低落，无法排遣。从金山寺下来时，她看见了大殿背后镌刻着"度一切苦厄"的箴言，顿觉一股悲楚之感袭上心头，在此之余又觉宽慰，心想，原来世上受苦之人不止是我。可能会有不少的人会渡这生命的苦厄，否则不会在这么重要的场所镌刻这样的箴言，表妹如是对我说。

回到家已是后半夜两点多了，她很累。睡着后梦见丈夫与一位有钱的做生意的姑娘好上了。那姑娘也喜欢她丈夫，还非他不嫁了。梦中丈夫对她形同陌路人，家也不回了，他决意要与我表妹离婚。这事除了表妹，周围人早就知道了。摊牌那天，表妹问他理由，他直截了当地说："这姑娘有钱，又比你年轻，我当然选择她。""那孩子怎么办？"表妹问。他说："我不管。"表妹想，我遇上负心郎了，我得找个说理的地方去。梦里她想到了管组织的某书记。她想，我要找他，让组织上知道她的丈夫是个什么人。地上的雪足有尺余厚，表妹背着四五岁的孩子（现实中孩子已十七八岁了），赤着双足，一步一步艰难地往前走着，一边走一边哭。走几步，表妹低头往下看，双脚上流淌着鲜血，一步一个血脚印。咦，怎么会这样？噢，我落难了。表妹说她的心又酸又痛，就这样在梦中哭醒了。那个泪呵，湿了一大片枕头。当表妹对我叙述时，我很难为她解析。隔了这么长时间，我想自己对梦的认识应该有所长进，试着解析吧。

现实中，表妹的情绪是压抑的。那天从金山寺下来看见的那句箴言，好似一把钥匙打开了她的心结。开锁的过程是痛苦的，梦用这种极端的方式，使其郁积在心头的情绪得以宣泄，就像通过手术摘除囊肿一样，这是一场清洗。他丈夫在现实中并没有这么坏，梦的运作产生了宣泄焦虑的作用。

4

弗洛伊德在《梦的解析》中，提起一个名作家的梦。作家小时候曾学过裁缝，后来离开这行业，成了一位作家。在离开裁缝行的几年里，作家反复梦见自己还在做裁缝，"坐在师傅旁边，工作稍有不慎，就要挨师傅的骂，我老是觉得不舒服，后悔花去太多宝贵时间，而这些时间可以做一些更好的用途。还从来没有提到薪酬的问题"。记得有一次，他梦到在他第一次当学徒时寄住的农夫家，他又在做裁缝工作。师傅对他特别严肃和不满意，对其他人的态度远比对他好。最后，师傅竟然下了逐客令，说，你对裁缝工作没有天分，你可以走了。"从今以后，我们一刀两断，互不相识了。我是那么害怕以致醒了过来。"❶

---

❶ （奥）弗洛伊德. 梦的解析 ［M］. 合肥：安徽文艺出版社，1996：324，325.

弗洛伊德称："对这问题的解答是困难的。"❶ 我想试着给这类梦做一些分析，哪怕贻笑大方也不畏避。其实，像这位名作家的经历，有不少人都经历过，包括我自己，请允许我先解析一个自己老是做的梦。在那个特定的年代，我像一颗螺丝钉似的被拧在了一架机器上，尽管我是多么不喜欢这份工作，尤其是无法忍受它的噪音和灰尘。但为了生存，也只能熬。社会分工如果对个体个性发展有太多的限制，即不能由个体自由选择职业时，那是对社会进步的阻碍。我在那个我讨厌的岗位上工作了近十年，个中滋味，只有自知。在我这颗螺丝钉从那架机器上松落下来的近二十年时间，我不断地梦见我还在那个车间，离调离的时间越近，梦里要干的活越多，简直堆成小山。那种压抑的情绪无法言说。随着时间的流逝和做这个梦次数的增多，梦中的活在逐渐减少，十多年后，梦中的压抑几乎为零，我的焦虑也随之逐步递减到零。最后的梦里，我在打扫原岗位的车间，奇怪，四周空空如也。这空，我想应该是象征着压抑的消散。

我与那位作家梦中压抑的情绪是相似的。在那个不如意的岗位上，我们一直被压抑着，这种压抑的情绪随着时间不断在积累，它不仅存在于意识界，而且深藏在我们的前意识里。对于我和那位作家来说，心理机制需要设法排遣这种压抑。对于我，此梦对我的作用是逐步减压，最后降为零。但这个方法似乎对作家无效，既然此法无效，心理机制就启动了"宣泄"的杠杆。可以说宣泄有点极端，有点物极必反的味道。回头看看作家描述梦的字眼："老是觉得不舒服……后悔花去太多的时间……这些时间可以做一些更好的用途……还从来没有提到薪酬的问题。"好了，根据作

---

❶ （奥）弗洛伊德. 梦的解析［M］. 合肥：安徽文艺出版社，1996：326.

家做梦时的心绪，可以想见这段经历给他投下的阴影和焦虑有多深，以致他的梦中不乏委屈和后悔。"还从来没有提到薪酬的问题"，薪酬是付出劳作后应该得到的回报，"从来没有"意味着这个职业对梦者来说是没有回报的，这个问题有点严重。依我看，他这是一个安排、设计好的梦。你看，最后的梦中场所是梦者第一次当学徒时寄宿的农夫家，第一次和最后一次安排在同一场所，前后呼应，不愧是文学家的梦。从此，他便永远地踢开了压抑他多年的梦。

弗洛伊德说："某些形成心理症的因素在心理症状将消失时，会变得更加厉害，而使得最后的问题仍然无法解释得通。"❶

我认为，焦虑是形成心理症的重要因素之一。当焦虑成为包袱时，健康的心理机制会在条件成熟时启动宣泄的杠杆，将郁积的不良情绪动手术般地给予切除。宣泄的过程是疼痛的。宣泄接近于中医上的"攻"的疗法。中医善用"攻"来治疗某些疾病，病人在治病初期会表现得比原先的疾病更厉害，经过几天的治疗后，病情就会好转。这就是弗洛伊德无法解释得通的问题。

我认识的一个女人是外地人，她在我朋友家打工。说起做梦的事，她说她很少做梦，但近二十年了，有两个梦至今还历历在目，一次是喝甲胺磷农药自杀，另一次是跳水库自杀。我问起在何种境况下会做这种梦。她向我倾诉，她是自愿嫁给山里一个贫困的男人（女人长得很漂亮），不知什么原因，婆婆对她有诸多的不满。后来分家了，因没有粮食，只能吃田里的蔬菜。公婆指责他们没有计划，照此吃法，蔬菜到过年就没了。就在

---

❶ （奥）弗洛伊德. 梦的解析［M］. 合肥：安徽文艺出版社，1996：157.

这种艰难的日子中，丈夫也会对她有所不满和埋怨。在这种情况下，她做了这两个梦。我问，在白天你有过这种念头吗？那倒没有，她回答。我想，这好像用宣泄来解析更合理。据她所说，她很会忍，忍得久了，人会崩溃的，此种梦能使她在瞬间得以释放积压在心头的负面情绪。

被称为"残酷的天才"的俄国杰出作家陀思妥耶夫斯基是"人的灵魂的伟大审问者"，在表现梦境的幻觉、心灵的病态、精神错乱、歇斯底里等方面具有独特的风格，被西方现代派作家尊为鼻祖。

《罪与罚》是陀思妥耶夫斯基轰动一时的名著。书中主人公拉斯科尼科夫具有矛盾的二重人格，是个心地善良的杀人犯。在他赤贫期间，他杀人越货，事发后因为害怕，三天三夜不省人事，呓语不断。等事情稍有平息，他才好一点。过了几天，他感觉警察似乎在怀疑他。当天夜里，他梦见在他杀人的那个屋里，他又重演了杀人的一幕。可怕的是，被他杀死的老太婆一动也不动。他把身子伏在地板上看她低下的脸，吓呆了，原来老太婆坐着不做声地发笑。他发狂了，使出全力将斧子砍去，而老太婆笑得前俯后仰。他惊恐万状，夺路逃命。他从噩梦中醒来后，行径反而正常了。他把一些事情安排好后向警局自首，被判到西伯利亚服役八年。作者认为，人无法逃避内心的惩罚，只有受苦赎罪，灵魂才能再生。我对这个梦的解析是，这个夸张的梦境是一个典型的宣泄梦，极端的惊恐后情绪向反面转化，它的作用在于宣泄后的情绪反而步入正常。

陀思妥耶夫斯基无愧于西方文坛对他的评价。

5

在我的一个朋友母亲去世二十多年后，她告诉我她的一个梦。梦里，她母亲疯了，到处找人惹事，她和别人都唯恐避之不及。一天，在不经意间，她被母亲找到了，她母亲挥舞着一把钢剑向她刺去。就在剑头刺中了她的大腿时，她牢牢地捏住了剑身。她没记住对母亲说了一句什么，然后她母亲放下了剑。她的腿上、手上鲜血在不断地渗出，生命安全倒是没有受到威胁。听了她讲的梦，一下子我也没转过弯来。一段时间后，我想起了她曾在聊天时说过的话。她有几个姐妹，母亲最不待见的是她，她说起母亲不喜欢她的事件时曾泪水涟涟。过去这种事确实在子女多的家庭比较多见，生存的困境，让父母莫名地产生了这种偏心。不过，我记得她曾说起过她母亲在世的后几年，曾向她表示亏欠。她母亲去世后，她尽管也思念，但在心灵深处，她童年时留下的郁积不易散去。这个梦我认为是宣泄的梦，通过宣泄，把已经遗留在心中几十年的怨气彻底地来个疏通。你看，梦中，她的脚、手鲜血在不断地渗出，她看自己生命是没有危险的，就是暗示母亲曾经对她造成了伤害，但不至于有生命危险。这个梦对梦者是一种释放，为了进一步证实我的解析是否准确，此梦的八九年后，我提起这朋友的梦，她自己已忘却。我问她是否有这类梦的重现，她说，确实是没有再出现了。看来，这么分析还是对的。

一个年轻女人说给我听的梦：这天是女人的生日。晚上，她梦到她去参加一个有很多人参加的活动，在这活动中，她突然发觉自己的胳膊无力了。仔细一看，胳膊惨白，没有血色，发现是许多蚂蟥钻在血管里。她害怕得直跺脚，旁人建议她用手用力拍打，将蚂蟥拍出。她使劲地拍着，蚂蟥果然一条接一条地往外冒，最终胳膊里的蚂蟥被打光了。

　　我问她梦里的感觉，她说又痛又怕。经过询问，了解了这个女人近段时间的经历。她在与丈夫斗气，俩人冷战了半月余。她丈夫为了气她，假期外出故意封锁消息。局面像是两人各自越走越远了。她对我说这好像不是她想要的局面。这些天，她眼睛几度哭红，饭量明显减退。她也不想这样下去了，想着趁自己的生日小两口和好，夜里却做了这样的梦。我想，这是一个宣泄的梦，表面上看是噩梦，但梦以图像的形式，以意象的方法排出体内之物，疏通了郁结在她心头的可怕之物。相信梦者的情绪比梦前要舒畅多了。解析梦是最触及隐私的，有的梦还真不好一股脑地晾出。

将现实中的涓涓思潮变成滔滔江河水，是梦的宣泄。梦中焦虑的宣泄是一种净化，其作用是正面的，宣泄过后的心理是疏畅的。

五、本能与理智在梦中较量或沟通

在梦中，我们都露出了寓寄于黑夜之中的更普遍、更真实、更永恒的自我面貌。这个面貌我认为是生命中的本我，在黑夜中最会表现自己，生怕主人会把它忘却。

在梦中，我们看到自己赤裸裸的庐山真面目，比清醒时看别人还要真切（梭罗）。

1

十五年前的梦里，我们五六个人去办一件事，梦中的我始终是严肃认真的。当只剩下我与另一女子时（她是一位乐观多笑的人，我有些轻视她），她有些不屑地问我："你怎么老是绷着个脸，一副沉思的样子？你看，我们的周围有那么多可以开心、值得开心的事，你这样子叫不会生活，实在没有必要。随着我吧，多好。"我不客气地反驳她："你的这种开心和快乐是浅薄的，我从来没想要过，你可能从来没有品尝过沉思的味道，那才是快乐的精髓。"看来我们是本质上完全不同的人，谁也说服不了谁。

这个梦的解析栏多年来是空白的，直到三四年前，我懂得了解析梦，要与梦者的性格、习惯、经历等结合起来分析才能更准确。记得我曾对自己做过一段性格上的分析：一个宏观上的悲观者，微观上的乐观者。这时我才明白，这个梦是聚集在我自身的本能和理智在梦中的较量和沟通，二者谁也赢不了谁，谁也不肯放弃自己的观点，只能维持原状。

在进化过程中，人类的本能和理智是一对不可分割的矛盾。它们之间关系的和谐（通过不断的调整）才能保证健康的生存和进化，否则人体便会出问题。

2

十六年前同学的丈夫出车祸了，伤得很厉害，头部缝了十几针，肺切除一叶，高烧不退，人一直处在深度昏迷中。我同学急得像热锅上的蚂蚁，求主治医师治好她的丈夫。医生对她说："除非发生奇迹，你丈夫才能好起来，不过我们会尽力的，你也要有思想准备。"她丈夫就这样昏迷了一个多月。转到上海长海医院后，经全力抢救，人慢慢地苏醒过来了。半年后，我去看他，他瘦了几十斤，但精神还可以。因为他昏迷的时间比较长，我就问他："你在昏迷期间就什么也不知道吗?"他回答我："在这期间，我反复做一个梦。梦中的我像站在月台上，一群人拉着我，乱哄哄的，要我跟他们走。意念中，我跟他们走是一件轻松愉快的事。我欲跟着他们，刚走一步就觉不妥。我不能跟着他们，感觉自己有事没做好。于是我不肯跟他们走，就站在原地。"如此这般，常常会是同样的梦境出现。这帮人老是出现在他周围，拉他、哄他、劝他走，由于他自己的坚持，最终没有走成。

　　说者无意，听者有心，我把这梦记录下来了。人处在深度昏迷中也会做梦，梦中的欲走欲留，就是人的本能与理智的较量。在睡眠中，本能要比理性强大，这帮劝他走的人代表了他的理性，不肯走的是他的本能。在此，我仿佛听见了本能的呼喊："生存下去才是第一！"

3

　　我的一位朋友，一直把家庭和婚姻当作人生的全部，知道丈夫出轨后精神几近崩溃。一个晚上，她梦见了只在照片上见过、但从未谋面的外祖父。她说，外祖父在十几平米的泥坑里亲切地招待了她，并对她说："我不骗你，睡在这里真的很舒服。"他指了指泥泞的地。顺着外祖父的手指，她看见了光滑无比的地面，一点也不硌人。外祖父真诚地劝她留在那里。梦里具有相当的诱惑力，她想了想，还是离开了外祖父。

　　我想，这是梦者本能与理性的对话。外祖父的话象征着理性，诱惑她留下。但本能不屑于那诱惑。可以想见，她在意识清醒时，纠结着是生还是死的问题。在重要时刻，本能总是强于理性。

　　意识依赖于前意识而存在，前意识是意识的基础，前意识的最大出口就是在梦中。

　　我非常赞同弗洛伊德的这个概念："无数活动的前意识思潮挣扎着寻求被表达的机会。"在人的大脑中存在着大量潜（前）意识，通过表达后的前意识进入了意识界，意识就能不断地扩大、深入。人的进化难道与此无关吗？这是一个双向运动，任何生物的进化首先要保证当下的生存，在人的意识过于理性化、对个体生命存在不利时，生命的特质就会产生反对理性的念头，来达到保护生命的目的。我想，这就是梦中本能和理性的主仆角色互换的原因吧。

休谟说："当理性与人性互不相容时，人立刻就会反对理性。"

4

我去艾蒙公馆接 37 个月大的孙子回家。今日是新学期开学一周的日子，他的老师告诉我，这孩子两天来午睡期间做梦时哭了，把他叫醒后才停止。我问老师睡前他是否有兴奋的表现，老师说没有，一切与平常一样。我就问孙子梦里为何哭，孩子没有言语。走出公馆约三四十米，正好街边有长条凳，我就把孙子放在长条凳上，祖孙两人面对面地坐着。我认真地对他说，奶奶很想知道你在梦里为什么哭，能告诉我吗？（我有点迫不及待，我知道梦极易被忘却）方才在老师面前沉默的家伙，我有些惊讶他的心眼。他说，梦里，我不想上学，大人们一定让我上，我就哭了。一切都明白了，上学前，大人的一顶顶帽子压得他几乎直不起来，诸如：你是最棒、最乖、最聪明的孩子，到幼儿园可以学到很多本领，这样大家都会喜欢你。看，从这么小开始，大人们就开始推着他走了。他的自我意识刚开始萌芽，理性让他懂得他是要上幼儿园的。睡觉时，理性显得孱弱，本能就出来哭喊了。多么有趣的一副本能反抗理性的图景。他的本能即是天性，需要的是自由，它讨厌束缚。人的自我意识从萌芽状态就开始了生物性和社会性的博弈，这种博弈几乎会伴随人的一生，社会意识越强，这种博弈会越频繁；反之，便会减弱。

本来我想把这个梦归到"愿望的达成",再三推敲,还是觉得归在这节更合适。

5

还是朋友的梦。俗话说,一家不知一家事,家家有本难念的经,这世界确是如此。我这朋友尽管是家中的幺妹,但从小母亲就不喜欢她。终因是家里的第四个女儿了,母亲的失望和不如意常常会发泄在她身上。二十出头,她就嫁人了。在婚姻的前十年里,她的生活基本上还是好的。朋友们都祝福她有了个如意郎君。可生活总是爱捉弄人,不如意还是找上门来。我认为这女人太迎合她的丈夫,以致她丈夫对外人说:"我老婆当年是缠住我,非我不嫁的。"这话传到我朋友耳中,她觉得受到了伤害。还因为女人的迎合,素质不高的男人觉得可以胡作非为。女人的耳边常会传来关于他丈夫的绯闻。她想与丈夫离婚,但也知道是离不了的,因为男人的花言巧语,更多的是为孩子考虑。就这样,她维持着有些痛苦的婚姻。有一天,她到我这里,表情有点怪怪地看着我。"什么意思?"我问。她拿出一张纸条,我打开看,原来是一首诗。经过她同意,我留下了,今与读者分享,并借以解析。

拾梦

啁啾的鸟鸣声 \ 打碎了我的梦 \ 真可惜 \ 拾起梦的碎片 \ 试按原样拼回去 \ 梦中一张陌生而生动的脸 \ 将我深深地吸引 \ 自知已没有可能 \ 只能默默地流泪 \ 轻声地叹息 \ 蓦地 \ 听他声声呼唤我 \ 含意委婉而清晰 \ 一切都有可能 \ 就看自己的心意 \ 惊恐的我 \ 竟慌不择路地逃逸 \ 身后传

来一声＼你太缺乏勇气。

根据她的处境，对现实生活是不满意的，所以有追求美好生活的愿望。这似乎是一场本能与理性的较量。这个梦里，理性是强大的，最终，本能失败了。

在这首诗的前面，她好像抱怨是鸟鸣声打碎了她的梦。经我思考，实际上是整个梦境已经完美结束。所以，耳际传来鸟的啁啾声也会轻易地将她从睡梦中唤醒。如果没有鸟鸣，她会自己醒来或转入另一个梦境。

6

几年前的一个梦。梦中，我在第二天要参加职称考试，得到通知已是下午三四点了，很犹豫是否要去参加。去吧，没有把握；不去吧，已经是最后的机会了。梦中最大的希望是能抓住考试前的时间把难题弄懂。这时有人叫我去玩，我就同她说了我的紧张状况。那人大为不解，问我："你不是退休了吗？你完全不必参加这次考试，没有意义。不去考试，你落个轻松多好。"在梦中，我顿时觉得轻松起来。多么巧妙，借别人的嘴来说服我，让我放下那（其实就是对梦的探索）无论如何也放不下的重担。其实，劝说者的语言就是我自己的本能，因为我退休后对梦的思考是反反复复，几经艰难，确实很不轻松。面对此景，我的本能与理性在梦中展开讨论，梦里的本能是在保护主人的眼下，理性则是在引导着人的走向。

有一个我父亲的梦。

父亲的直肠癌复发，躺在床上已有八个月了。三十年前，医院的床位很有限，不能治愈的病，医院一般都拒收。我们兄弟姐妹几个就在家轮流服侍父亲。大家都知道晚期癌症的疼痛是要人命的，父亲是坚强的，他是基督徒，每当痛得厉害时，他就轻轻地哼着赞美诗歌。望着这情境，我忍不住劝父亲吃止痛药。我知道父亲是不会轻易吃的。果然，他说吃这药副作用大。我明白是父亲强烈的求生欲在阻抗他吃止痛药。这样坚持了许久，在轮到又是我照顾父亲的那日，他对我讲，昨晚梦里有一个人对他说："你在这里不好，我要带你去一个很好的地方，真的很好。""那人你认识吗？"我问。"不认识。"他回答。"那你想去吗？"我又问。"有点期盼。"他说。接着是沉默。我在想，我想的好地方和父亲想的好地方是同一个吗？我现在解析这个梦，觉得这是父亲内心的争执。我最知道父亲的求生欲是多么强，但当肉体实在难以忍受痛苦时，本能和理性进行了沟通，有一方在竭力说服另一方，毕竟它们是同一个有机体。

说来也巧，父亲去那好地方的前几个小时，又轮到我值班。时值后半夜，见父亲呼吸沉重，我先是轻声唤他，他没有反应。我就加大音量再次呼唤。他皱着眉头，勉强睁开了半眼，不满的表情写在脸上。接着是更沉地睡过去。就让他睡吧，他已经很久没有这么香甜地睡过了。听着他越来越急促的呼吸声，我觉得有必要再叫醒他。此时，仅仅是呼唤已不起作用，于是我边呼唤父亲边用手推他，父亲用厌烦的表情对我哼了一下，接着便沉沉地睡去了。我明白了，父亲是要去那好地方了，谁去阻拦，他会讨厌、憎恨谁的。我只得叫醒了睡在里屋的哥哥、姐姐，一起面对这生离死别。

7

在诸多的文学名著中，以梦的形式出现的情节不在少数。车尔尼雪夫斯基在其名著《怎么办》中，叙述了女主人公薇拉做的四个梦。依照我对

梦的分类标准，三个是属隐喻象征性的，最为有趣的是那个自己对自己说话，抑或是潜（前）意识对意识的供述的梦。在现实中，薇拉与丈夫性格不合，但他们一直维持着这份貌合神离的婚姻。清醒时，薇拉不敢面对这个问题，也未将它在意识层面进行透彻的思考。梦中，她不爱自己的丈夫了，她由一个"女客"逼着她读自己的日记，日记上写道："丈夫是个高洁的人，是我的救世主，但高洁只能引起尊敬、信赖和友谊……我需要恬静而缠绵的爱情，需要在温柔情感里陶醉，他知道我的这种需要么？"梦里，"女客"逼着她读自己的日记，日记属最私密的东西，这"女客"其实是她的潜（前）意识。梦让她正视这个问题，让本能的感觉浮出水面，进入意识界，梦的构思多么巧妙！我想，车尔尼雪夫斯基肯定是个熟谙做梦之道的人。

1600 多年前的圣·奥古斯丁是古罗马著名的神学家和哲学家，对于西方的历史进程，有着重大而深远的影响。《忏悔录》是他写的西方文学史上第一部重要的自传。自传中叙述了他童年、少年、青年和成年时期在生活、精神、信仰等方面的成长和转变经历。皈依基督教后的奥古斯丁对上帝的虔诚和坦诚让我等感动。

在《忏悔录》的尾声，他向上帝忏悔道：奥古斯丁的现状，"肉体的欲望，性的诱惑，为何在睡眠中如此强烈，睡梦中，心神似已摇荡，几至默然首肯，仿佛已行那苟且之事，现实尚且对我无能为力，抵制诱惑，坚定不移。睡梦中微不足道的幻影却将我诱降。主啊，我的上帝，我真的是在睡梦中吗？由醒入梦。出梦而醒的片刻瞬间竟能将我分裂成两个迥然相异的自己，我的理智何在？在睡梦中又会常常不忘初衷，坚贞守道，誓死反抗，绝不向如此诱惑低头称是。可这种反差的确存在，即使在睡梦中坠落，觉醒时却回归良心的太平；在这两种状态的反差中，我发现，虽然我痛心秽事不知为何会发生在我身上，但我并未行使秽事"。此时此刻的奥古斯丁向主忏悔，忏悔依然罪恶的现在。他为自己的不完美痛心和悲哀。我在这里试着替这位令古罗马基督教思想家惊恐的梦做个解析。人类在漫长的进化过程中，本能和理性常常会发生争执，这是由人的二重性即生物性和社会性决定的，奥古斯丁在皈依基督教后，在生活上是非常严厉地克制自己的，唯恐生活的甜蜜会让自己离开主。当时的奥古斯丁正值壮年，正是一个生命的旺盛时期。清醒时若是一味理性，他的心理就会发生倾斜，即产生心理上的不平衡。于是，心理机制就启动了，它让本能在梦中的平台上表演一番，使得遭到重压的本能得以发泄。这种使心理平衡的举措能让奥古斯丁走得更远。

柏拉图在《理想国》中说："我们每个人身上，甚至善良的人——连好人也不例外——无不潜伏着疯狂的兽性。它在我们熟睡的时候，就会出来窥伺。"奥古斯丁的梦正是这句话的写照。

8

一熟人告诉我她如此这般的梦。我了解她的性格，是一个复杂又矛盾的主子。白天，在人前总显得幽默开朗，但夜幕降下后，她却是忧心有余。一天，在走往房间的台阶上，她问自己，今天活着的我与昨天是一样的吗？有什么不同的吗？可以肯定，明天也必定与今天和昨天一样。生命到了这个阶段，其实是乏味的。如果今天晚上我躺下去之后，再也起不来了，我会有一丝甜蜜感，此时的死亡一点也不可怕。当天，在梦里，一辆大型货车慢慢地从她身上开过去，她惊得大叫"救命"。我问她向谁喊救命？她回忆了一下，说真是现实中我最信任的人。我想，她睡前的思索应该属于理性，梦中，本能出来抗争。在睡梦中，本能是强大的。

这类梦，熟人对我说了好几次。都是睡前有着清醒的思考，梦中却想方设法活命，本能与理性的较量，在她的梦里屡屡出现。

凌晨三时，我在极度焦虑的梦中醒过来了。梦里一个不可违抗的指令要我在天亮前必须死去。这事儿违抗不了，梦中的我只是觉得这件事来得这么快，这么决然。我将再也看不见亮了的天空。我已经调好了喝下去就会死去的饮料，这饮料喝下去肚子会一阵一阵地痛。我有些害怕，天亮前的时光对我来说十分珍贵。我处在极度焦虑中，正不知如何是好时醒了过来。醒后的我自然是庆幸的。

因为自己的胡思乱想，睡前又反复地思考"死是什么"，死了的我就不会感受到喜怒哀乐、饥饱冷暖，那也是挺好的。我又回到未出生时的状态，这里出现了我曾比喻过的气球现象：它在往下落时，就干脆再用力拍它一下，一落地后，它反而快速地往上弹。这就是物极必反，生理机制懂得使用这个方法。

（七八年前梦的记录）

昨晚睡前看了央视一套的《探秘》与《发现》节目。夜已深，仅我一人。仗着胆子大，没有什么可使我害怕的心理，坦然地看完了这期节目。节目说的是苗族人的习俗：在清朝和民国时期，人若死在他乡，就由一种"赶尸"的职业人把尸体肢解后，用袋子装好背在身上，然后走回家。在看电视时，我丝毫没有感觉到害怕，只是对反复出现的赶尸人毫无表情的脸有些反感。我明白这是电视制作人为烘托神秘感而故意为之。当夜，我梦到那个赶尸人几度追我，并把我牢牢抱住，我的恐惧已无法言说。看见旁人，拼命喊"救命"，旁人则是一副事不关己的样子。最后，我终于自己挣脱了那位赶尸人。醒后，我感到奇怪，看电视时与梦里出现了完全相反的现象。最终，我明白了，清醒时的不害怕是理性所为，梦里的害怕是本能反抗理性，是本能面临死亡时的表现。本能在理性孱弱时，便会表现得特别突出。

这是我对梦与现实相反的又一种现象的分析，是我的心理系统对立面相互排斥的呈现。

9

我隔壁家的阿姨焦急地跑来问我："这个梦你怎么解析？"看着她一脸的严肃，我忍住了想笑的表情，让她说说这个梦。

他夫家在外省大山里的一个小村庄。据她说，时运不好，丈夫颈椎病严重到不能动弹的地步，冒险在医院动了手术，还好病情得到了扭转，但花费了他们多年的积蓄。夫妻俩一直在外打工，三年前才还清了治病的债务，但家里破旧的老房子已不适宜再住人了。于是，她的丈夫和弟弟商量把房子拆了，然后把他弟弟的房子先建好。小叔子家的经济状况比她家好，阿姨一家都在外打工，迟个三五年再建也没关系。说好了，回家过年就先住她小叔子家。房屋造好的消息终于传来了，小叔子让他们腊月十八前到家，家里要举行宴请。正兴高采烈之际，阿姨接到小叔子的电话，说她老婆前天晚上梦见已故的公公对她说，新房子不能给别人住。她妯娌醒来后对婆婆说了这个梦，要婆婆表个态。婆婆已年近八十，无法说明白这个梦。于是她妯娌电话询问自己的父亲，她父亲也说不清。一连问了好几

056

人，大家都说不出子丑寅卯来。她妯娌认真了，认为这是老公公对自己的告诫，亡人的告诫似有某种神秘性，如若不听劝告，会对她不利。妯娌让小叔子继续打听此梦的含义，小叔子就把电话打到了嫂子这里。听罢阿姨的叙述，我问她这妯娌为人如何，她说挺好的，很贤惠，她们妯娌关系比婆媳关系还好，平时从没红过脸，这几天她正忙着准备宴请和安排来贺喜的亲戚住宿事宜。我的脑中对此梦的梦意清晰起来了。这些天，她那超我的忙碌，引起了本我的不满，本我是自私的，它不会客气，它潜伏在心灵深处，是人的核心，它不想与人分享新房。她的妯娌没想到梦给了她这一棍子。她们都只读了一二年书，不可能理解这梦的深意。她们听不懂，也不会信。于是，我对阿姨说，告诉你妯娌，老公公说新房不能给人住的意思是不能给别人长期居住，我们都是公公的儿媳，他老人家总不会说我们是别人，而且我们只是过年期间住几天，等自己的新房造好了，一切问题都解决了。我对阿姨说，你尽管这样讲，保你没事。阿姨连连点头。有时候梦还真不能直说，只能绕个弯。还好，她回家后没有什么纷争。

解析这个梦，必须了解梦的前因，才能对梦作出较精确的分析。

10

梦里我在一个风景挺好的河边玩，河边柳枝摇摆，树叶婆娑，好不惬意。蓦然，我往左边看去，只见一片高耸的山坡。山坡又高又陡，稍仔细看，原来是密密的坟墓。梦中的感觉，就像白天醒着时看公墓，还是可以接受的。不知怎么，我走到了山坡的侧面，近距离地与山坡擦肩而过时，发现这山坡是木质的，真像一个十分难看的巨型木桩盆景。我的心里涌起一股对这个山坡的厌恶，心想，它既不成比例，又不协调，真是丑陋的东西。我在心里嘀咕着。

分析：在醒着时，我总能冷静、理智、经常性地想到人的"死亡"的问题，我的本能却总与之对抗。梦境里较远距离观察时，心里还是可以接受的，当擦肩而过时，心里就涌起厌恶。这是一幅在我内心惟妙惟肖的理性和本能对待"死亡"的图画，这是一个拷问已久的答案。

要解析梦不是一件易事。实话说，有时确是苦苦思索，感到才思枯竭，接下去只能看书，等待着下一轮的思绪被激活。一天，我梦见自己在嘈杂的教室里上培训课，这次培训觉得有点累，不知自己能否顺利完成。在做功课时，我走神了，看着周边的男男女女。其中有一个女人的头发已经稀疏，而且头顶上面撒着盐。我看着奇怪，就与她攀谈起来。她直截了当地问我："你的年龄不比我小吧？为何还来培训？"我回答她是为了职称和工资。周边人听了，全都劝我："你已经有退休金了，衣食无忧，不要这么累了，没有必要。"反正周边人全持否定意见。后来我知道那女人头上的盐原来是白头发。

分析：梦中那个女人就是我，是我的本我。在现阶段理性想做的事很费力，本能不时地会跳出来反对，周边那些人都是本能的支持者，看来它们的阵营不小。人是不可能单凭理性一意孤行的，别忘了还有生命中强大的本能。理性的强势影响了本能，本能想要的是存在，而不是大有作为，它为了生命能活得更久、更自在一些，就不时地反对理性。至少在梦中，本能欲与理性来个博弈，至于是否会成功，就看具体情况了。无论是在别人还是我的梦中，这种博弈无非是三种结果：一是本能胜利了，像我多次在清醒状态对自身生命意义持否定态度时，梦里本能用激情奋力博得胜利；二是理智胜利了，像《拾梦》那首诗描述的那样，本能引诱不了我朋友的理智；三是本能和理智和稀泥，这是一种结果不清的梦，在梦里，梦者似乎被那些人说服了，梦醒了，事情又翻过来了。

几年前，潘石屹在《我的价值观》中说到了一个他的梦。在梦中，家里的乡亲们在老家给潘石屹娶了一个媳妇，一定让他回老家去生活。他反复跟家里人讲，北京城里看的都是液晶电视了，咱们这里都还没有通电，我不能回去。乡亲们执意让他回家，说："她家口粮多，娶到她是你的福气！"梦里不断重复着类似的对话。惊醒后的他为在梦中的恐惧感到不解。他在文中写道："最近连续回了两次甘肃天水老家，在白天思维中，回老家是愉快的，心里时刻想念着故乡，希望能为家乡做点什么。可是在梦中为什么回老家变成了可怕的噩梦呢？"我分析，现实中用理性指导的行为，会给本能一种压力，内心深处的本能对贫困的恐惧和反感就在梦里发泄。这种本能与理性对抗的梦例是很多的，我们注意在自己的生活中琢磨和思索，会发现这是一条不可抗拒的规律。

八年前的梦。我走在去学校的路上，接着是寻找自己要去的教室。我有些焦虑，自责开学一个多月还没去上学，今天务必要进教室学习。终于，我看见了自己的同学和熟人。偌大的教室一个空位也没有。我在同学耳畔轻语了几句，同学就站起来向老师走去。老师出现在我面前，态度还算和蔼，他指着一个陌生的女人对我说："是她的年龄大，还是你的年龄大？"我自作幽默地回他："就是叫瞎子摸摸，也知道是我的年纪大。"引起周围一阵小小的哄笑。我走到教室的一头，心里疑惑，什么意思呀，问我这个问题。接着没了下文。

当时我没能解析这个梦，这么多年过去了，随着对梦的理解的加深，现在能轻易地解开这梦了。在我的梦经历中，本能（本我）与理性的较量时时会发生，这个梦表现的就是理性欲进一步学习，却遭到了本能的嘲笑，本能是一个只求轻松而长久存在的家伙，而理性却朝着升华自身的方向前行，它们时不时地会发生争执。上述的梦是对这点最好的诠释。

六、特殊人群做的直觉梦

直觉，一般指不经过逻辑推理就直接认识真理的能力。西欧 17—18 世纪的唯理论者把直觉看作理智的一种活动，现代西方的一些哲学家，则从非理性主义的观点出发，认为直觉是一种先天的，只可意会而不可言传的"体验"能力。他们把直觉和理智对立起来，强调人的直觉和动物的本能类似，运用直觉即可直接掌握宇宙的精神实质。现代思维科学的研究认为，科学与艺术的认识与直觉有关，它是长期思考以后的突然澄清，或者创造性思维的集中表现也是一种重要的思维方式。❶

柏拉图的《理想国》里说："真正的直觉和灵感的获得，不是在人们有意识的时候，而是在理智的力量陷入沉睡，或被疾病和痴呆束缚住的时候（先知、天才和疯子是近亲）。"

1

此人是我的好朋友，彼此间熟知家事和私事。几十年来的来往，深谙彼此的秉性。我们的话题也常常会围绕梦展开。有一次，她说起自结婚后十几年来，她曾多次梦见自己的丈夫突然消失，她就去寻找，发现丈夫与其他女人有染。哦，我在心里思索这女人的性情，她在现实中可不是个气量小的人。她说梦里的感觉有点像观看别人的事。当时，我无法解析这个

---

❶ 辞海编辑委员会. 辞海［M］. 上海：上海辞书出版社，2000：155.

梦。如此过了多年，一天，她的一个朋友认真地对她说："你丈夫在外面花心，名声不太好哦，你要看着他点。"我这朋友将信将疑。晚上做梦，梦见自己的兄弟拿了封信给她，对她说："好好看看吧。"她拆开信，见是一张图，再仔细看，发现是她丈夫在外女人的索引图，惊得她目瞪口呆。梦后，她仔细回忆丈夫与某些女人的举动，确是可疑。随后，她逐一将可疑之人与丈夫证实，那男人先是抵赖，扬言要告老婆污蔑。我朋友正颜厉色地说，愿意承担法律责任。接着是男人的沉默，我朋友一切都明白了。她问我怎么会做这么离奇的梦，梦中之事确是被现实验证了。

在这之前，我也曾耳闻过她丈夫的事，但没有主动对她说起，更不敢因解析梦而对她有所造次。经她再三询问，我就认真地进行了思考。先从她的性格说起，她是一个认真、坦率的人。平时，朋友间说起某人出轨时，她就会愤愤地说："夫妻之间，真的没感情了，就离婚嘛，何必搞些小动作。我对丈夫说过，当你认为有比我更吸引你的女人时，你就对我明说，离婚吧。我会同意的，我对自己充满自尊和自信。"

解析梦一定别忘了与梦者的性格、文化、经历甚至习惯相联系，这样的解析才更准确、更精彩。朋友的梦开始是发现丈夫云雾般地消失，然后去寻找，无意中撞见丈夫与其他女人的风流事，醒来后还当作笑话来讲。我想，通过她的系列梦，可以窥探出这女人有这方面的直觉。现代西方的一些哲学家把直觉和理智对立起来，强调人的直觉和动物本能类似。她的梦似乎颇能证明这一观点。女人前期梦的反复出现，说明了这直觉的存在，此梦的形式是直觉，作用是告诫。梦总想告诫她，但她自尊和自信的性格拒绝承认这告诫，理智封锁了直觉欲进入意识界的通道，此直觉因此进入不了意识界。而当现实中有人在她意识清醒时点明了，梦里的通道就敞开，于是积累的直觉蜂拥而至，竟以索引图的形式出现在梦里。如果不是有人点明点破，她的直觉不知何时才会被理智接收。我觉得直觉和理智的对立是因为有主观上的对抗，这种对抗是不自觉的，是在不为人所察觉的境况下发生的。当主观上撤除了对抗，直觉和理智就能融合。

进一步分析我朋友的梦。凭着我对她的熟悉和了解，我感觉到她性格中的高傲和纯粹。在生活中，她总喜欢以己之心度人之心，她更愿意生活在自己的主观意识里，是一个在梦中唤不醒的人。有时候与她开玩笑，我称她为"堂吉诃德第二"。一个生活在自己想象中的人，到真相大白时，她当然是痛苦极了。

2

五年前听说了老毛一个神奇的梦，一直想听他本人是如何说的，口口相传的东西容易偏离真相。我同学（非常感谢这位同学的热心）开车几十公里，将我引见给老毛。老毛今年74岁了，看上去精神挺不错的，声音响亮，面色健康。老毛很健谈，滔滔不绝，聊了许多无关的话题后，终于转入那个神奇的梦。老毛记忆力很好，他清晰地记得做梦那天是1996年4月17日。那年他53岁，家里开了多年的杂货店，他晚上11点才上床，没有马上入眠。12点过后，他迷迷糊糊地睡着了（讲梦之前他自我介绍他的身高约1.68米，手术前体重80公斤，腰围3尺3寸，非常喜欢吃肉喝酒，平均每天可吃肉1.5公斤，身材很胖）。梦中，一个红脸庞的人走到老毛的床前，对他说，老毛，你要去看看了，否则你会很糟糕的。老毛听到这个话，猛地从床上坐起来（梦中），问他，你是谁？你为何要说这话？你说要去看看，看什么？什么意思？老毛从梦中醒了过来，梦里对他说话的人瞬间不见了。他起来，把床底下、桌子底下统统检查了一遍，没人。他说那一夜他就没有睡着过。想了一夜，他决定去胡公殿求个签。一大早，他带上供品到了他曾亲自负责修建的胡公殿。一看塑在那里的胡公像，他吃了一惊，昨晚在梦中出现的红脸庞原来就是这个胡公爷。❶ 接下来，他恭恭敬敬地向胡公行了拜礼，再是求签。他求得的竹签是一开始就认定的，待签书到手一看，只看了两行，他就非常想把签书撕了，但他又不敢，怕得罪了神明。于是就揉作一团，塞在口袋里。我问那签书上说的什么，他答：疾病绵绵，妻离子散。在回家的路上，他心里不住地埋怨胡公爷：几年前，是我带头组织了一行人，把毁了近四十年的殿给重新修建起来，你难道还来捉弄我吗？就是从这一天开始，他感觉到自己胃部的不适。他没有把胃部的不适与做梦之事联系起来，每天，他的胃部如果出现若有若无的痛感，他就会吃点饼干对付，感觉会好点。这样过了两个月，感觉不太好，就上县城医院检查。医生说，不要紧，是一般性的胃炎。遂配了胃炎的药给他。如此一个多月过去了，胃痛非但没好，还更严重了。他就到了上一级的一家医院，经胃镜检查，老毛得的是早期胃癌，真没想到！老毛懵了。医生安慰他，你的症状还属早期，能在这个阶段检查出癌症的还真不多，通过动手术，问题不是很大。老毛由此想到了发现这个病症的起因是三个多月前的那个梦，他深信这一切是胡公爷在提醒他，是胡公让他及早发现了这个病。他周边的人都知道了胡公对老毛的眷顾。老毛的神奇还在于在整二十年里动了四次手术，第一次切除了 50% 的胃；七年后，胃癌复发，切除了胃剩下的部分；十二指肠与食管直接相连，七年后，发现得了直肠癌做了直肠的切除手术；六年后，直肠癌复发，又做了

---

❶ 胡公，名则，浙江永康人，被百姓称为胡公大帝，是北宋前期政坛一位中高级官吏。他宽刑薄赋，清正廉明，颇有政绩。公元 103 年，江淮大旱，饿死者众，胡则上疏求免江南各地身丁钱，诏许永免衢、婺两州身丁钱，两州之民感其德，各立祠祀之，是典型的"为官一任，造福一方"的人物。

一次手术。我都不好意思再问他切除了什么器官，从发现胃癌到现在已整二十一年了，一个没有胃和直肠的人，是如何进食的呢？我问他。他坦率地说，我什么东西都吃，只是煮得熟烂一点。那后面的三次手术是不是医生让你定期去做体检后发现的？他说，不，不，是我自己凭着感觉去医院的。现在我只有九十多斤重，不敢像以前那样任性地喝酒吃肉了。还有一个梦我也对你讲一讲，去年七月，一段长时间的大雨后，老毛梦里的胡公对他倾诉："老毛啊，我的头上不知被什么网住了，一点也不清爽。"几天后，雨停了，老毛与几个村民上山到胡公殿去。老毛没有明说做梦之事，其他人没一人注意到异常，只有老毛发现了在胡公爷塑像头顶上的瓦片因年久失修，雨水流了进来，部分雨水淋在了胡公爷的头上。老毛说，因为经费短缺，至今也没有重新翻建。我试探性地问老毛，这个梦，你认为是什么意思？他就说，说明胡公爷对我的信赖。

让我给这两个梦做一下分析吧。

我把这两个梦归至"直觉的梦"。

依照我的认识，老毛在某些方面具有相当的直觉能力。在未做梦前，一些蛛丝马迹已经进入了他的前意识，一旦时机成熟，就以梦的形式让他引起注意，梦会很巧妙地安排梦中的人物。譬如，是一个红脸庞的人对他说要去看看了，这个"看看"梦中没有点明，老毛当时不明白"看看"的意思。经过意识的排查，病症逐渐地显露出来。在老毛心中，胡公是最值得信赖的，梦中启用这个人物最能使老毛信服。几次手术都不是医院和医生的提议，全凭着老毛自身的感觉去做检查。二十一年了，他还好好地活着，说明他的直觉是走在意识前头的。在老毛对梦的叙述中，还有一点是我无法解析的，他说在胡公殿摇签时，那支签在摇晃跳跃时他就予以认定，这就是他所求的那支签，签书内容与他以后发生的事准确得难以理解，在我认为是巧合，世上巧合不无存在，如果否定巧合，那似乎是我等不可解释的。

我很赞同现代西方哲学家从非理性主义的观点出发，提出认为直觉是一种先天的、只可意会不可言传的"体验"能力。他们把直觉和理智对立起来，强调人的直觉和动物的本能相似。我在本章的一个女人的梦里也讨论过有直觉成分的梦，她曾多次梦见自己的丈夫与其他女人有关系，醒来后觉得甚是荒诞，这是理智对直觉的阻抗。老毛的第二个梦我也认为如此，在下大雨时，根据他有直觉能力的特点，再加上他是总管（法人代表）有种隐约的感觉和担心，即多年失修的殿堂会有问题吗？晚上下起了长时间的倾盆大雨。使得这种担心更甚，于是就出现了胡公托梦给他的奇事。

一般人解析梦容易将梦孤立地进行分析，不会将梦与梦者近期所思所为所经历的结合起来，这一点我觉得至关重要，因为做梦不是没有原因的。

3

一个女孩告诉我她妈妈做的梦。她说她的妈妈四十多岁了，做的梦很灵验。我让她举例。她说，哥哥与女朋友订过婚了，在农村相当于结婚了，他们同居了一段时间后，妈妈对女儿说，唉，你哥哥的女朋友要离开他了。女孩儿惊奇地问，不是好好的嘛。她妈妈说，反正，我在梦里梦见他们分手两三次了。女儿说，不一定吧。过了一段时间，这订过婚的女孩果然离他们家而去。女孩自管自地说下去，她妈梦到，在梦里，有人对她说，今年你别在家里办大事了，不然会出事的。正巧那年奶奶八十岁，家族中就有人商量办寿宴的事。女孩的妈妈明确表示不能在她家摆寿宴，兄弟和亲戚却一致认为摆在她家最合适，因为平时奶奶就住她家。她妈妈也不好意思再拂逆众人的意愿了，就提出摆寿宴那天不准放鞭炮。结果那天，有人不甘寂寞要热闹，就买了烟花来放。熟料，放烟花竟然出了意外，将别人的鼻梁骨炸伤了，赔了几千元钱。知道这事前因后果的人无不惊奇。我让女孩继续说，她说，她家有一亲戚怀孕了，有一天，她妈妈确定地对她说这亲戚的胎儿没了，女孩知道妈妈的特点，就说，你又梦见了？她妈妈点点头。过了一两天，果真传来不好的消息，证实了她妈妈的梦。我紧接着问，你妈妈有否听到这胎儿不太健康的信息？女孩说，有的。其他人都抱着侥幸的心理，都说会正常起来的，唯独我妈不一样。女孩又与我说，她妈妈好几次梦见可怕的镜头：女孩的外公去世多年了，她母亲常常会思念自己的父亲，伤心过后，就梦见自己父亲在洗澡。洗着洗着，父亲身上的肉就一块一块往下掉，直至掉得全身只剩下骨头架。女孩说，母亲很害怕，但怎么也不明白是什么意思。听完女孩的讲述，我对她说，你妈妈有一种直觉能力，然后对女孩解释了直觉的意思。我接着说，譬如你外公洗澡掉肉的梦就是最直接表现人死后的现象。我问，你外公可能是土葬的吧？女孩说是的，我们山区还是土葬的，你对我外公洗澡的梦的解析让我信服。当我向女孩解释直觉是与生俱来时，她马上说，我外婆今年九十岁了，年轻时，方圆几十里都称她半仙，我妈妈有点像我外婆，但没有外婆厉害。那你呢？我问。女孩回答，我一点也没有继承外婆和妈妈的特点。

我听人说起一个梦，述梦者父亲一直是抽烟的。在她父亲五十多岁时，一个梦让他终止了抽烟的习惯。她父亲在梦里见到了他十多岁就去世的母亲，母亲郑重地对他说，你不要再抽烟了，抽烟对你实在不好。梦醒后，她父亲琢磨着这梦，觉得去世近四十年的母亲在梦里告诫必有道理。于是就真的戒了烟。过了一年后，他父亲觉得不适意，就上医院检查身体，结果是患了肺癌。经过两三年的治疗，她父亲还是去世了。她说，这梦是什么意思呢？我想还应该是属直觉的梦，只是这直觉来得迟了点，检查医治也太迟了。梦中母亲的出现，应该是最具说服力的。

一天，一朋友向我说起一个梦。梦里，她成了表姐的儿媳，表姐有巨大的财产让儿媳管理，却又处处不放心，时时提防着，是一个疑心病特重的人。现实中表姐确是有巨大的财富，这朋友说，自己比表姐小两岁，外孙都有了，真是个荒诞的梦。她说表姐是一个精明能干的人。我问她，表姐性格如何？她说实际交往中也没往深里探究。我提醒她梦中的感觉如何？她说很真实，感觉不太爽，表姐像防贼似的防她。我让她回忆一些梦中的细节，她努力地想了想，说在现实中感觉朦胧的东西在梦里却是那样的清晰，梦中对表姐的性格刻画真是入木三分。她感慨地说，没想到梦还有这样的作用。我接下她的话说，梦有时能帮助人深刻地认识自己和周边的人。

七、肉体引发的梦，有利或唤醒睡眠

"梦是睡眠的维护者，而非扰乱者"的论点，的确可以在许多人的梦里得到验证，属有利生存的梦。

孙子满四个月了，看着他可爱的模样，我会时不时逗逗他。用手指碰碰下巴，他会发声笑。他睡着了，我还会用手指碰碰他的下巴。这时，他

的脸上会露出笑容，这是睡梦中的笑。可见肉体刺激可以产生梦，但不是每次都有效，有时，是没有反应的。

梦不但有多重功能，而且梦的生成也具有多方面的由来，肉体刺激是其中之一。以我个人经历为例，我睡觉时旁边有人打着特响的呼噜，我就梦见一辆大型载货汽车在爬坡，引擎开到最大也无法爬上去，只得不停地、努力地加大油门。"吼吼吼……"，长时间待在这辆汽车旁，有种快被逼疯的感觉，最后终于醒来了。

一个清晨，梦里的我在野外烧着一口大锅。锅是长条形的，烧的时间很久了，锅里的东西怎么也煮不开。是因为火力不够，火苗一到锅边就被风吹散了，我耐着性子继续烧也没有用。我醒过来了，感觉身体很冷，发现原来被子折成双层盖在身上，身体边缘露着缝隙，热气跑了，所以做了这样的梦。

还有一种梦，想必每个人都做过很多次。在梦里，梦者想排泄了，到处找厕所，就是没有合适的地方。一个梦者对我说，在梦里找个合适排泄的地方真难。终于找到勉强可以的地方，刚蹲下，发现墙上有个大洞，一个熟人正在洞口窥探，吓得她醒了过来，发觉肚子微微胀痛，原来她想解手了。这是典型的肉体刺激引发的梦。

对以上由肉体引发的梦的分析，我赞同弗洛伊德的观点，做这些梦只有一个目的或作用，即延长梦者的睡眠时间，这也是在保护梦者，让他尽量多睡会。

昨晚睡得迟，眼见天已蒙蒙亮，才迷迷糊糊睡过去。约两小时后，前

方离我窗户约三十米的地方，因要重新装修，传来敲砖声和运送垃圾的声音，堪比有人在你耳边敲锣。我又实在困得不行，心中只有厌烦。朦胧间入睡，梦里，我与那些工人在交涉，我对他们说："我实在是睡眠太少，被你们吵醒了，拜托你们迟一点开工。"那些工人脸上虽显出同情样，但手里的活儿还是不停地干着。我不断地对他们说着好话，他们却依旧干着自己的活儿，我是一点儿办法也没有。在身体极度疲劳时，为了让睡眠继续下去，梦就给了我这个短暂的希望，哪怕再短时间的睡眠，也比立即醒来要好些。我是如此解析这个梦的。

我受了风寒，得了行痹症，手臂疼得非常厉害，肩关节和肘关节的疼痛，使我晚上不到极累就无法入睡。估计到三四点后，我才迷糊睡过去，但疼痛让我睡得不踏实。梦里，好像在做实验，我的右手臂又痛又麻，有人对我说，你的实验（又像是梦的解析）是正确的，你确定是又痛又麻吗？我说是。那人说，这就对了，实验时间越长，准确度越高。听着那人的话，我坚持着。虽肉体上有疼痛，但精神上是愉悦的。我尽量不让自己醒来，这就是肉体引发的梦和梦的作用。

三十五个月的孙子在此之前，晚上睡觉偶尔会渗漏出小便。早上醒来，他会难为情地对大人说，我把裤子尿湿了。可睡前，给他垫上尿不湿会遭到他的极力反对，他说："我长大了，垫尿不湿难受。"对他偶尔尿床的事，大人是这么跟他说的："这不要紧，但你还是要注意的哦，不可以经常尿出来。"他懂事地点点头。昨天陪他的人生病了，责无旁贷的我就陪着他。后半夜三点左右，迷糊中我听见孙子哭起来，边哭边说："有人要打我，有人要打我。"即刻见他在床铺上爬行。我抱住他说："你在做梦，没有人要打你，醒一醒。"这时他喊道："我要小便了，很急。"小便后，他马上睡着了。第二天，我问他，梦中打你的人你认识吗？他说不认识。但这小子还说，这人梦里老是要打他。我问，他真打过你吗？孙子说：没有。我明白了，这是孙子的理性在梦中尿急时，以这种方式让他醒来。我就问："他是不是要打你，你就醒过来了？"片刻后他说，是的。这梦促使他在尿急时醒过来，孩子就是这样一步一步成长起来的，这梦可谓是对幼儿成长有趣的窥视，这应该是典型的生理和心理的结合才做出来的梦。尿急了，是生理现象，如何让他醒过来，就是心理的事情了。心理出现了有人欲打他的幻象，即梦，让他在睡眠中醒来，这就使他逐步减少尿床的次数。

八、梦对现实的拷问作出图解

在我们的谈话中，她流露出对一些梦的不理解。当她第一次说起这个梦境时，有些吞吞吐吐。我鼓励她："我们是在为解难题而做的牺牲，梦不是你真实的现象。"实在是我的迫切和诚恳让她说出如下梦境：她与丈夫性事完毕，突然发现压在身上的竟是母亲，惊骇让她醒来。对此梦我也很困惑，很久无法解析。这样过了几年，她又对我说起同样的梦境。这难解的梦时常让我想起。最终，这个梦的获解应该归于灵感，这是一种长期思考后的突然澄明。我与她说，你的梦告诉你，你丈夫就像你母亲不止有你一个女儿一样，他不止有你一个女人。你母亲不太喜欢你，这是很明确的事。你丈夫偶尔会流露出对你的不屑，这些被你捕捉到了，所以梦就将两个人影的重合来表达它想告诉你的。听罢解析，她说："你的解析是唯一能说服我的，我认同你。"我好像了却了心头一桩事。

十年前我对梦的记录：我在搜索着凌晨的梦境，除了少数特别深刻的

梦外，多数的梦似乎海市蜃楼般，微风轻轻拂过，它就消失了。要记住梦，就要在梦境还未从脑海中消失前，有意识地反复回忆。不仅要回忆梦的框架，还要回忆梦的细节。有时候梦真像灵魂在游走。

凌晨的梦中，我跋山涉水来到一个地方，那里有不少人。他们在干什么？这是一个现实中无法看到的景象：高低不平，高的地方像山，又像人造的屋墙；低处有水，不像田，更不像塘。仔细一看，原来此处出宝石，这些人正在挖掘宝石呢。我当然不愿意错失良机，马上找寻起来。运气还不错，我立马找到了几块，好像是从墙上抠下来的。这宝石的样子是我没见过的黄颜色，像等级不高的钻石，我将宝石放在口袋和衣袖里。

拿到宝石后，我心里不免高兴。在回来的路上，我碰到了一位同学（这位同学很会赚钱），她得到了不少宝石。在路上，我有一种不确定感，这宝石价值究竟几何？我建议把它们拿到权威机构鉴定，于是两人一同前往。结论是：这是一种很漂亮、装饰性很强、价值却不高的宝石。我有些气馁，鉴定机构又说，无妨的，戴在手上，一般人都会认作昂贵的宝石。

我结合这几天的心理活动来解析这个梦。在现实生活中，我常常会对人对金钱、财富无止境的占有欲进行拷问，疑惑其到底有多大意义。答案是金钱的后面隐藏着许多负面的东西。此梦对宝石（金钱）作出如此精妙的描述，其中的哲理性不可谓不强。鉴定机构说"这宝石很漂亮、装饰性很强，价值却不高"，当我气馁时又说，"无妨的，戴在手上，一般人都会认作昂贵的宝石"，潜台词是，没有独立见解的人都会认为这是昂贵的。

有些问题白天没有清晰的答案，而梦里的图景却会富有哲理地解答你的困惑。例如现实中我对有些问题过于忧虑，我梦里便出现了我欲过一座险峻的山，担心过不去的场景，那山却换了个角度，我发现很容易过去。

一位老妇人（她有四个子女）梦见自己养了四只羊，白白胖胖的。在梦里，她见到别人家的屋檐下挂着很多干草料，她知道这是别人给自己家的羊备下的。往野外望去，一畈畈的青草望不到头，那草哪里吃得完哦。她觉得没必要像人家那样储备干草，直接吃鲜草岂不更好？梦中，她心情愉悦。她说这个梦真令人愉悦。我知道这位老妇人有四个子女，在村里出了名地会赚钱，听说村里有的老人暗暗地给自己攒下了十几万、甚至二十几万元的养老钱，这老人可能在心里与人家作了比较，觉得还是自家占着优势。抑或她清醒时还没有明确的答案，梦就用这种最贴近老人生活的图景来表达出她的前意识。

弗洛伊德在《梦的解析》中写道，一个儿子在父亲最后那场大病中细心照顾老人家，而父亲死后他确实哀伤了好久，但过后却做了这场无意义的梦：他父亲又活了，像往常一样同他谈话，但（下面这句话很重要）<u>他真的已经死了，只是自己不晓得而已</u>。弗洛伊德在这个梦的解析中，用惯用的"愿望的达成"来解析此梦是梦者照顾父亲时希望父亲早死的愿望，其中又绕圈子地解说此梦的荒谬性，并说解析死人的梦是一件头痛的事。

我对这个梦的解析会直截了当，梦者括号里说的"下面这句话很重要"，划了线的句子其实就是梦意，梦里，他与父亲谈话，知道父亲已经死了，但父亲不晓得自己已死。这很可能是梦者白天一个朦胧的意识闪过：死了的人会知道自己死了吗？梦给了梦者一个图解，是的，死去的人是不知道自己死了。

白天，爱因斯坦"提出问题比解决问题更重要"的名言在我脑子里过

了几遍。当夜做梦，梦里我接到一个通知，事情紧急，我们就出发了。夜里，走在田野黑黢黢的路上，我们竟发现路边躺着不少断肢的人，横七竖八的，就像拔起的萝卜被扔在地上，也有被埋在土下的，发出呻吟声。我被惊呆了，但我们这群人还是继续往前走，前方的情况好像更甚。接着我们往回走了。那些断肢的人得到了救助，整个情况正在好转。在梦里，"发现"好像是一味很奏效的药，"发现"了，就会使不堪的状况得到好转。爱因斯坦概念中的"提出"被"发现"替代，梦把"提出"这个概念转化成肉眼可见的"发现"，这也是梦的一种功能。

一个朋友告诉我，她母亲八十四五岁了，因吃了不洁的东西而生了一场大病，住院一个多月。回到家后，家人和亲友都说老太太真是幸运。还有会说好话的"这次大难不死必有后福，还可以再活三四十年"。朋友说，她母亲做了一个梦，走在田野上，有很多的枣树，树上全挂着熟透了的红彤彤的枣子。她却非常想找到青枣，满眼全是红枣，她不喜欢。但最终也没有寻到青色的枣子，她很失望。朋友问我这梦的含义。我想，该把这梦归在对现实的拷问作出的图解类：老人的命得以救回来，对她自己应该是有触动的，靠着现代医术的发达，自己的实际年龄如能再年轻几岁，有可能再活几十年。于是，梦给了她这个图解。在梦里，她在寻找象征生命的青色，可是没有，这让她失望。

这是一个集象征和图解于一体的梦，梦中的情绪是失望的感受。我觉得可以在梦中窥探梦者清醒时的念头。此梦的分析，应该是站得住脚的。

第二章

智能拓展思维

荣格发表过如下观点："象征可以极大地影响人的想象力，从而对人筹划未来起到巨大的作用……象征具有超越的功能，具有整合的作用，象征的态度，本身就是一种超越。真正建立一个好的自我，就是超越性的自我……象征的主要意义在于，通过激发生命唤起我们的想象，从而创造出更加新颖、更具韵味，同时也更富吸引力的境界，并以此让我们存在的意义更加充实，内容更加丰富。"❶

一、隐喻所含的象征意义

象征功能具有目标定向和行为及结果的预期性，对荣格而言，象征是对相对不清楚的东西的近乎完美的表达，一个真正的象征是有生命的，是一个活着的象征。

在西方哲学传统中，人类被认为是有智慧和有理性的动物。精神分析学家瑞克福指出："象征作用是心灵的一种普遍能力。它建立在知觉之上，

---

❶ 尤娜，杨广学. 象征与叙事：现象学心理治疗［M］. 济南：山东人民出版社，2006：100.

能被用来……自我防御，也可以用来自我表现。另外，德国哲学家、人类学家卡西尔提出人是具备象征能力的动物。正因为我们人是群体生活的生物，并且因为我们是被赋予理性能力的生物，所以，我们是创造象征、运用象征，并且也是常常被象征所控制的存在。在我们的行为和精神生活中，象征的创造和运用是独具特色的，而且具有核心的地位……象征是人类意识一个最基本的表现形式，如果我们贬低了文学、艺术和象征的作用，存在的精神意义也就降低了。"❶

象征在梦中的出现，对行为的指导作用是显然的。

下面是几个象征性的梦。

1

我行走在庞大的无人管理的货架之间，（敞开式的）堆放着无数种物品，可以任人随意拿取。突然间，一个女人拿走的东西引起了我的注意，她从一小堆成色颇佳的翡翠中拿走一块翡翠。我也上前快速地挑了一块好的放在口袋里，是不是我的潜在性格没有让我多拿？在另一个货架上，我从一只布袋里摸出了几只小粽子，心想肚子饿时可填填肚子，便随手放在口袋里。在这个过程中，一个念头始终在我耳边盘旋：所有物品中，翡翠才是最有价值的。我很快折回，想再拿几块，可是原堆放翡翠的位置上已空空如也。再看其他货架上的物品，似乎没有自己用得上的，于是我就离开了那里。

醒来后，我便琢磨这个梦。哦，前些天，我买进了一只股票，因为当

---

❶ 尤娜，杨广学. 象征与叙事：现象学心理治疗［M］. 济南：山东人民出版社，2006：9.

时的资金有限和对这只股票的信心不足，买进不多。买进后的第二天涨幅达 6.5%，以后每天涨幅都在 1% 以上。我有点后悔当初不多买点。梦中的翡翠就是那只股票，货架上任人拿取的货物象征各种股票。

我家阿姨的丈夫生病，需要她回去照顾。两个月后，她打电话给我，说她梦见回到我家来了，只见院子里（现实中确实有院子）种着个头特小的大蒜，长大后也不会有什么收成的。梦里，她非常不解地问我，老板娘，你干嘛种这种没有收成的大蒜呀？梦里的我对她笑笑，没有回答。我明白这是她对我现实做事价值观评判的象征。这阿姨没有读过书，但人还算聪明，她所接受的教育是获取物质利益就是全部目的。现实中我的所作所为让她觉得不可思议，在我家时，她的意识还没有显露出来。离开后，价值观的评判才以这种象征形式在梦中显现。

一个梦反复、反复地出现，我想，这梦一定是有特殊意义的。梦中场景与现实中我刚参加工作时的情境非常相似。那时，在工厂里吃饭是拿自己的饭盒蒸的，凭买下的菜票到食堂窗口排队挑选菜品。梦里，到了吃饭时间，食堂窗口的菜真是诱人。我先到蒸笼拿饭，却怎么也找不到自己的饭盒，菜票也是无论如何翻找也找不到踪影。梦里，我怀疑自己究竟有无蒸过饭、买过菜票。这等重要的事情竟会忘记？对自己的怀疑和自责是强烈的。今晚，偶然翻到自己对这个梦的记录时，觉得这个梦是用最具象的形式表现象征性的东西。此时去看，我豁然开朗。这梦是我的历史遗留问题，反复多次地呈现相似的梦境，总想对我提示些什么。梦中我喜欢的菜肴是我所要的东西，菜票是我得到东西的条件。梦中演绎的是寻找的过程，在这过程中，焦急、自责溢满心间。这是梦的隐喻和象征。想解析梦是我二十年前就有的意愿，从那时起，我就把自己和别人的梦记录下来，并有一搭无一搭地翻阅着哲学类、心理类书籍。我一边在做着漫不经心、似有似无的准备，一边又过着有滋有味、想干什么就干什么的庸人生活。到我正式启动写作后，这个梦就再也没有出现过。我想，它应该与我解析梦的意愿有关，梦用特有的象征性的语言告诉我，没有做好充分的准备，到时的结果是你始料未及的。

"意识和正在聚焦的眼睛相似，视野外围的区域是无意识，它需要被引领到意识中来，象征就是把外围的视野带到聚焦点上的一个工具，它帮助我们把心理内容从一个无意识的层面转移到意识中来……因为有这种潜能，我们才能够理解自己，甚至在最深的层面上，我们能够对我们的行为和生活的方向做出清醒的决定。"❶

2

下面这个梦与前面那个梦在现实中的背景是一致的。梦中时间已近黄昏，我在一只袋子中翻找着什么，我也不知道自己究竟在找什么。蓦地，从袋子里掉落出一份表格，是一份单位人员增加工资的表格，表格上的期限便是今晚七点，超过时间，上级审核部门将不再受理。我一看时间已是下午五时左右，表格上稀稀落落的文字，分明是没有填写完整。我简直吓出一身冷汗。我是本单位的会计（现实中也确实是会计），这工作是我全责担当，如若不能按时上交，整个单位的此次增资将被取消。这么大的责任我如何担当得起？我将成为罪人了。看着眼前的情景，我快速地转动大脑，思考如何尽快把这份表格填上送出去。我计划着时间和路程，又想着我可以骑自行车去呀。往路上瞅去，一路坑坑洼洼，路不好走哇。梦里的

❶ 尤娜，杨广学. 象征与叙事：现象学心理治疗 [M]. 济南：山东人民出版社，2006：89.

意念中，上级审核部门晚上正灯火通明在等待着尚未上交表格的人。我的那种焦急无法言表，我不知自己能否按时交出。我被急醒了。

做这个梦时，我已退休几年，现实中根本没有单位工作的压力，我分析还是自找的压力——想解释梦。在这两个梦中，理智是主人，梦醒后的感觉似乎是用鞭子在抽打我的惰性（本能），它让我情绪焦急，焦急之后便会采取行动，作用是显然的。

梦里我试图把一浴缸的螺蛳收集拢来，却发现它们已经爬满了整个房间。天花板上，四边的墙壁，全是螺蛳。我想用快速法来处理，遂拿了一把扫帚，欲把螺蛳扫在一起，谁知每颗螺蛳都用吸盘把自己紧紧地吸附在建筑物上，要把它们拿下来，非得是一颗一颗抠下来不可。哦，我吸了口冷气，这工作量可不少哇，我能完成得了吗？况且钉在上面的螺蛳不借用梯子就拿不下来。据我思索，这梦似乎有两层意义，一是本身工作量大，二是还要借助工具。

我走在路上，突然发现自己赤着双脚，我犹豫是回家穿鞋，还是继续赤脚走路。一个声音在反复地说，回家穿鞋，离家并不远，穿鞋的时间是赶得回来的，赤脚走路会很慢很慢，穿鞋，穿鞋。

鞋是人行走的工具，此梦是否以此来象征我想做的事情是要借用工具的意义？我只能猜测到这一层。

我有个朋友是商人，她说她的梦总是离不开水。在做某项投资或某项出资决策时，梦中以水作隐喻预示此次事件的成功与否，实际上是她的意识对这次决策的预测。预测好，梦中就会出现充裕的水源；预测不好，梦中就会出现水源枯竭的场景。水在中国文化里象征财富，这说明文化对梦是很有影响的。

3

我认识的一位年轻女人是中学教师，结婚多年未孕，后经人工辅助，怀孕产下一子。两年后，这女子意外自然怀孕，自然是喜出望外。她要把这孩子生下来，给胎儿做了测试，是女孩。这就更坚定了她生下这孩子的决心。那时二胎政策还未出台，如果这孩子出生，她将面临被学校除名的危险。痛苦、犹豫，她纠结万分，最后只得选择了保住饭碗的决定。怀孕四个月的她躺在医院的病床上吃下了堕胎的药，心情可想而知。当晚的梦里，她去参加一个人的追悼会，死者是她现实中家族里年龄最大、名望最高的老者。这女人穿梭在熙熙攘攘的人群中，似乎也没有太大悲伤，觉得这一切是正常的。事后，这女人问我该如何理解此梦，我想女人吃下堕胎药后的心理冲突肯定是强烈的，这时健康的心理就启动了保护机制，这梦对腹中胎儿似乎是意象性的交待，梦的寓意不可谓不深刻。百年后的结局谁都一样，这就起到了保护梦者心理不至于遭受到极度创伤的作用，我认为这是个象征性的梦。

几年前的一个梦里，我好像在做调查工作。走到一个偌大的开阔地，看见排列着一把把立地的遮阳伞，好多好多。我甚是好奇地问旁人，这么多遮阳伞是做什么用的？那人轻描淡写地回答，这里每家每户都有遮阳伞，这里的习俗是蹲在自家的遮阳伞下如厕。听罢回答，我愕然。一直不能解析这梦，如梗在喉般难受。

今天翻阅这梦的记录时，好像是灵感来袭，突然觉得这梦是在嘲笑和调侃我的好奇。你不是对做梦好奇吗？做梦就像每个人上厕所一样自然和重要，正常的大小便是人生理健康的保证，梦也一样。这梦分明是一种暗喻，遮阳伞、大小便是梦中的景物和词汇。这类梦难道不可以说是在引领着思维吗？

几年前的一个梦。我到了一个木屋改造成的房间，这是我接下来要住的地方。里面的几张床上堆满了乱七八糟的东西，地上堆放着不少凌乱的家什，屋内甚是逼仄，我觉得无处下手进行整理。正在为难时，隔壁木屋内传来我同学窃窃的私语声。哦，我记起隔壁是我同学的恋人居住的，这下好了，人家的私密也能被我听到了，心里有种欣慰的感觉。接着，我着手整理床铺，刚整理了几分钟，我就扔下了手中的东西，心想，这房间是整理不出来的，有空再说吧。梦就结束了。

这是隐喻所含的象征的梦，对眼下的乱景，我无从下手，但对偷听到熟人的私语，却有一丝振奋，非常形象地表达了我的精神状态。注意，梦里要住的房间是木屋改造成的，对于偷听到熟人的私语这一点是多么合理。

一种有象征意义的梦境是对白天现实的描绘，这种描绘是对本质的叙述和对现实的浓缩。

有一同学问我一个梦该如何解析：他梦见了一亲戚面带菜色、病快快地来到他面前，告诉他自己患上了不治之症已到晚期，我同学只能安慰他说："你别悲观，大家都会出钱救你的。"同学对我说，他虽然嘴上这么说，但心里想的却是，你已经没救的了，你怎么就没早点发现自己的病呢？太晚了，太晚了。大家都明白你的病是无法治愈的。于是梦就结束了。我问："你亲戚的身体不好吗？"他说，还好的，四十岁还未到。我就探问这亲戚发生过什么事情（在梦的叙述中，我同学的情绪是很明白的），他说，早几天，亲戚们聚在一起，讨论这位亲戚因多年喜爱赌博，家中负债累累，债主不时上门索债，闹得老婆孩子不得安宁。议论完毕，谁也拿不出办法来解决这问题。议论后两三天，我同学就做了这个梦。我想，这是个暗喻象征的梦，是否可以这样解读：我同学想对他亲戚说，你犯下的错误，必定是要你自己承担，你的结局是悲剧式的，一切都自己承受吧。我认为，同学与亲戚议论后拿不出解决办法，梦者对亲戚的态度，表示自己是没有什么责任需要承担的，以此来减轻自己的心理负担。当我向他说明这点时，他说只能这么解析了。

梦里，我在参加一场考试，要求写一篇作文，题目是"谷壳"，意思就是粮食，好像是议论文。开始，我写得蛮顺利，但写了约三分之二后，突然写不下去了，脑子一片空白。啊呀，考试时间快结束了，我顿时紧张起来。我重新浏览一遍写好的部分，发现第一行开头就没有空两格，这篇文章格式首先就不对。我就在该空两格的上方写了"空两格"三个字，还标上了符号。哟！这三个字变成了两个大人拉着一个孩子的图画，这不很有创意嘛。接下来，我似乎有点艰难地完成了余下的部分。这时，铃声响起，时间已到，我却是在超时中完成剩下的部分，也没人来催我。梦里，我的感觉是不管时间，我做我的。终于交上试卷，我突然发现基础部分我还是一片空白，我很内疚。监考老师对我说，今天的试卷没有基础部分，只有作文。我意外地感到高兴，看来还不至于太糟糕。我想，这是个象征的梦，象征是自我意识的方式，最基本的功能是自我对自我的显现。梦里自信缺乏但不至于太糟糕的状况就是对自我的显现。

4

梦里的时间是夜里。家中的门敞开着，我想把门关上，却不能如愿，干脆就站在门口。路上有不少行人，突然间，有一群逃难的人从半米深的雪地上连滚带爬地消失在往西的路上，正在吃惊的我预感不妙。正想溜走时，从东边厚厚的雪地上蹦出来一群苏联军，捉摸不准是敌军还是友军。他们押着我往前走，在他们的全副武装面前，无奈的我只好乖乖地跟着他们，那气氛甚是紧张。在途中，他们遇到了一个困难，一位非常重要的人物无法解决吃饭问题。我轻而易举地帮他们解决了。领头的那位老头对我露出了友好的微笑。梦中的情绪由开始不明究竟的紧张，转而变为解决问题后的轻松。

这个梦，想说明什么？我想，梦意显而易见，碰到一些人际关系表面上对立的事，不一定要用敌对的态度对待。如果能替对方着想，事物可能会向有利自身的方向转化。我认为这是一个拓展思维、避免狭隘思想的梦。解决问题时化干戈为玉帛是最高境界。

十八年前梦的记录：午睡时又梦见了自己在参加培训，准备考试。其他人都是准备充分，唯独自己毫无准备。要考试了，总是因种种原因而未能参加。类似的梦不知反反复复做了几回，梦中对考试能否成功总持否定或无把握的态度，但自己却是焦虑、执着，非参加考试不可的心态。我想，这梦隐喻自己没有了却重大心愿。

　　一个健康的机体，无论是生理或是心理，都具备自我调节的功能，具备了自我调节功能，就能过得去所谓的"坎"；丧失了这个功能，机体就有障碍了。人一生中会有大大小小的"坎"，过不过得去就看这调节功能了。

　　我听到有人信誓旦旦地说，梦见下雪是会死亲人的。我关注了这种说法，但觉得没有根据。这种说法更接近于象征性：下雪时白茫茫一片，而在办丧事时，中国传统的仪式，就是用大量的白布，大面积的白布和雪很容易联系在一起，如果将梦见下雪和亲人逝去的概率做个统计，这种说法是站不住脚的。如果正巧碰上，可能是巧合。为什么会梦见下雪呢？有可能是身体冷。

梦见掉牙，民间也有亲人会逝去的说法，这种说法我认为也不靠谱。对这个问题，我思考了很久。我说过，梦与梦者的文化是离不开的。中文年龄的"龄"的形旁是牙齿的"齿"，而牙齿又暴露在人的显著位置，所以在人的意识或前意识中，牙口成了人年龄和健康的象征。当前意识对自己的健康有焦虑时，容易做掉牙的梦，这一点在我本人身上可以得到很好的验证。牙齿是我身体里最好的器官，少见得好，但我也多次梦见掉牙。掉牙与亲人的逝去毫不相干，当然，不能排除巧合。

5

五六年前梦的记录。

我站在一门口看见一女子捧着一束洁白的鲜花朝我走来。我从未见到过如此漂亮的花，花朵是菱形的重瓣组成，花形硕大，质地厚实，噢，在旁边就有那漂亮的令人心醉的花丛。我欲过去看个明白，却不容易过得去。好奇心驱使我向那里走去，七绕八拐终于到了。花丛边原来是个肮脏的茅厕，那花长在此处好像极不相宜。为了进一步探究，我还是走近前去看——真叫人大吃一惊，美丽的花朵瞬间不见了，只见一堆已经腐烂和泛着泡沫的青苔。这景象叫人难以置信，甚至令人心生厌恶，怀疑先前所见是一种幻觉。

分析：近期常常在拷问人生的意义，可以说是反复、反复，梦就用这种形式向我揭示人生。人是最具矛盾的生物，当梦给了我人生的答案后，又会反复思考果真如此吗？其实是人赋予了生命以意义，同一事件，由于个人自身条件的不同，体验也会不同，其意义也不同。

　　衣不蔽体的梦我做过多次，多在年轻时，一直不能解析。直到有一天，多个亲戚聚在一起吃饭时碰到了一件事，事后做了一个梦，才看出衣不蔽体的端倪。席间，与我关系不错的一人与另一人发生了口角，两人在餐桌上吵得面红耳赤，众人相劝，把两人拉开后，各有人在她两人边上劝慰。我在关系不错的亲戚边上说着不痛不痒的话。这时，另一坐在我身边的人用眼神使了一下我亲戚，在我耳边轻轻说了一句："太小题大做了。"我尽管也有同感，因关系较好，就为她辩护，意为她是误解了对方的意思才发生了争吵。谁知这亲戚那天也是一根筋，她说："不，我没有误解。"我明白她的真实意思，与她吵架只是平时有些看不惯她，今天是故意与她争吵。旁边人听罢此言，只是面面相觑，没再言语。我想她怎么不明白我的用意，而不顺水推舟呢？却偏要道出这不太令人信服的理由，让人觉得不妥。

　　晚上，在我的梦里，这亲戚穿着内裤，在众人面前表演舞蹈。舞是跳得不错，但我真为她着急，她知道自己只穿着内裤吗？醒来后，这个梦的梦意是一目了然。虽不是她本人的梦，但我与她关系确实好，梦中的情绪，我部分地代替了她。从此，我就认定衣不蔽体是一个自省的梦。在确认此类梦的性质之前，我与几个大学生聊天，问起他们有否做过衣不蔽体的梦，都说做过。我就让他们做个选择，衣不蔽体的梦是弗洛伊德认为的童年时暴露身体的兴奋再现，还是我认定的是一种自省在梦中的心理行为？在场人员一致认为应是自省心理行为更确切。因为衣不蔽体时，梦中的感觉不是兴奋，而是尴尬和自责，或欲躲避和逃离人前的心理状态。

　　弗洛伊德在《梦的解析》中说起他自己的一个梦。做梦当日，他对梦中常有的一种"被禁制的感觉"发生兴趣，当晚就做了如下的梦：我衣冠十分不整地，由楼下用一种近乎跳的方式每次跨三阶地上楼梯，我因为自己的健步如飞而得意。突然我发现女佣人正从楼梯上向着我走下来，刹那间我感到十分尴尬羞愧，而想马上跑开，但我却发现一种"受禁制的感觉"，我竟在梯间上身不由主地动弹不得。❶ 他自己解析说，做梦的当晚，他的确是衣冠不整地——已把领带、纽扣全部解开——蹒跚上楼，但在梦中却更过分地变得近乎衣不蔽体的程度。弗洛伊德说，这"阶梯"与"女佣"怎会跑到我的梦中呢？为了自己衣冠不整而羞惭，无疑是带有性的成分在内，但女佣比我年纪大，且一点不吸引人，这问题使弗洛伊德想起以下插曲，这女佣是弗洛伊德每天出诊去给老友打针的家里的女佣，梦的地点也是老友家的阶梯。弗洛伊德因吸烟厉害而有咽喉炎，每次上他家看病时，总是习惯性地在上楼梯时清清喉咙，而把痰吐在阶梯上。弗洛伊德认为这不是他的问题，而是他家里应该买个痰盂供人使用。那女佣对弗洛伊德的随意吐痰十分反感，一旦被她发现，弗洛伊德就有窝囊气好受，后来她甚至对弗洛伊德连礼貌上的招呼都不打，弗洛伊德说连自己家的女管家也嫌我不够卫生。接下来，弗洛伊德用了七页篇幅对"尴尬——赤身裸体的梦"作了各种可能性的解说。在解说中，弗洛伊德反复论证了赤身裸体是人童年时精神生活的激动影像，因此，这印象的复现即为愿望的达成。其牵强程度，使人看了竟不知所云。

请允许我在这里斗胆为弗洛伊德这个梦做另一番解析。在此，我重申自己的观点，赤身裸体的梦是自省的象征。我们这位精神分析的创始人有个不良的生活习惯——随地吐痰，这一习惯遭到了小时候的保姆、自家女管家和友人家女佣的不断数落。尽管他本人是不在乎的，但在弗洛伊德前

❶ （奥）弗洛伊德. 梦的解析 [M]. 合肥：安徽文艺出版社，1996：129.

意识里一定会留下痕迹。这一天终于来了，前意识中意欲自省，有了机会，弗洛伊德对梦中"被禁制的感觉"产生了兴趣，梦中弗洛伊德在常吐痰的地方衣冠不整地站在那个数落他的女佣面前，被"禁制"了，这是一个自省与白天感兴趣的"被禁制"的感觉两者完美结合的一个梦，弗洛伊德体验到了被"禁制"的感觉，衣不蔽体象征着自省。梦中的描述：尴尬、羞愧，想马上跑开，这些词无不指向人在内省时的感觉。弗洛伊德是犹太人，犹太文化具有高度的内向自省性。然而，遗憾的是在《梦的解析》中，并没有提及人做梦时自省的这个重要的心理行为，这不得不说是解释梦的偏差，他与梦意擦肩而过。

而且衣不蔽体地"被禁制"在女佣的面前，这自省的程度是何等地明显。弗洛伊德却没有意识到。他因为把某些梦想象得太复杂了，反而远离了梦的本意。我解释梦的方法是抓住梦中的情绪感受，并且在解析这个梦的前期梦者的经历和情绪，都是分析这个梦的原因和依据。

二、与现实相反的梦

这是一个十分难解却又具有超级魅力的问题。

人发生这种现象后，通常容易发生对比联想。其特点是由一种事物的经验联想到另一种性质上或特点上和它相反的事物，例如由成功而想到失败。人的这种对比联想，挖掘出了人认识事物真理的能力，即矛盾的双方均可向对方转换。

黑格尔第一次以唯心主义的形式彻底阐述了对立统一规律，指出"一切事物本身都自在地是矛盾的"，"矛盾则是一切运动和生命力的根源"。

斯宾塞在《思维的进化》里认为：意识和思想在各种相互矛盾的冲突对抗中产生。

朋友告诉我，那天收到了别墅卖掉后的房款，当时心里想自己从来没有过这么多钱哦，另一个念头却是这别墅从今天起就不属于我了。晚上的梦里，朋友有些窘迫，想请人吃饭，却又拿不出钱来。真是一件典型的梦与事实相反的例子。分析这个梦，可以说是自身意识和思想矛盾的反映，将固定资产转换成流动资金，到底是正确还是错误，不能十分确定，梦就将她引渡到了矛盾的对立面。

梦与现实相反的现象，总包含着真理，进化不允许思维是定式的。

德国哲学家、古典唯心主义的创始人康德意识到自然发掘生命潜在能力的方法，认为抗争是取得进步必不可少的环节。人们之间倘若非常和睦，人类便会处于停滞状态；人类要生存、发展下去，就必须有某种程度上的个人主义和竞争。"没有不稳定因素……人们就会过上牧童一样的田园仙境般的生活。"❶ "感谢造化给了我们不安定、嫉妒、虚荣和永不满足的占有欲和权利欲……人希望和谐；但造化懂得什么对她的物种有益；她有意使人们不和，好让人们进一步发挥自己的力量，发掘自身的内在能力。"❷

康德道出了人类进化的原因。对立是促使进步的动力，同样地，在个

---

❶ （美）威尔·杜兰特. 哲学的故事［M］. 北京：中国档案出版社，2001：278.
❷ （美）威尔·杜兰特. 哲学的故事［M］. 北京：中国档案出版社，2001：279.

人的内在也存在着矛盾，任何事物有矛盾才会有发展，在有些人的梦中，常常会出现与现实相反的现象。梦站在现实的对面，与现实演对台戏，这就使得个人的思维能不断地超越自我。这是我对梦中出现对立现象的思考。

为什么梦多与现实相反？这是一个众人认同的现象，我认为梦与现实的相反可以有效地扩展认知。事物都具有多面性，对立面的产生能使人多角度地去看待问题。两三年前，我老姐腰椎管狭窄，不能下地行走，且痛得厉害。虽为她担心，但看着她红润的面色，心里有把握地想，痛是痛，但不会影响到寿命。夜里，我梦见自己在公园走路，老姐夫拿着一面锣在敲，那是在通知众人，我老姐走了。哎呀，怎么会这样？顿时，我泪如泉涌，一下就醒了。从这种现实与梦相反的现象思考开去，世界上的多数事物都具有多种可能性，把问题想绝对了，是一种偏激倾向。这种与现实对立的梦包含着真理，我认为此类梦是推动人类思维不断进化的梦。

米歇尔·比托尔是法国当代作家、文学评论家、文学教授，他在一篇传世散文中说道："我作为演讲人和教授的生涯已经很长时间了，但我最常做的梦之一就是演讲失败。"

我想，这种梦笃定是在起一种作用，一种类似上紧发条的作用。梦里出现的负面情绪会产生一种焦虑感，记得我之前说过适度的焦虑能使人的能量发挥到最佳状态，此种现象可以说是俯拾即是。参加重要的笔试或面试，参加者太过紧张和焦虑，抑或丝毫没有紧张焦虑的那种疲沓状态都不会有理想结果的。弗洛伊德在《梦的解析》里几处提到自己的这种现象，还有与他同级别的同事也常有这种梦。

"每一个在学校通过期末大考而顺利升级的人，总是抱怨他们常做的一种噩梦：梦见自己考场失败，或者他们必须重修某一科目，而对已得到大学学位的人，这种'典型的梦'又为另一形式的梦所取代，他往往梦见自己未能获得博士学位。而另一方面，他清楚地记得自己早已开业多年，早已步入大学教授席之列。这使梦者倍感不解。"❶

我熟知的一个省特级教师，也说会做学生不听她讲课，或是没有备好课、上课时手忙脚乱的梦。这类梦多是优秀人物所做，平常人鲜见这类梦例。可见一个人优秀成绩的取得不仅是平常现实中努力即可，而在梦里也遭到催促。他们是有忧患意识的惶者，不敢懈怠，他们承受的心理压力比平常人要大。我对这类梦的解析，似乎与梦是心理卫士的观点有对立倾向。其实任何事物都不能用绝对的眼光看待，人的能力是不同的，例如体力上，有人能挑三百斤，有人却只能挑七十斤。心理上的承受能力也是如此，施加压力来自自身，这种压力是对能力的试探和开发，主观上有这种意愿的人更能进步。造化懂得尺度，它既保护物种，又敦促物种的进化。

还有一种现象，在梦里，我遗失东西了，很懊恼。但那段时间的清醒时刻，我对财物的看护似乎特别警觉。相反，在现实中失窃，丢失财物的情况，偏偏是松弛状态下发生。由此，是否可以推论，梦中的适度焦虑，对清醒时刻起了一种警示作用。在我的生活中，有过多次这种经历。

白天，我有时候在人前会夸示自己的牙好。看，六十出头的人，完好的一口牙全是原装的，咬硬货，嘎嘣嘎嘣，年轻人都不及我。可是夜里，梦常常让我难堪。我梦见我的牙好几处糜烂了，刚夸口说牙好无比，原来

❶ （奥）弗洛伊德. 梦的解析 ［M］. 合肥：安徽文艺出版社，1996：157.

是吹牛。我自责、惭愧，自己原来是个说大话的人。醒来后琢磨这梦，梦里的感觉确是真的。我试着解析：这是一种告诫，由好至坏不过是顷刻的事，不值得夸示，有些人今天还好好的，明天就没了，不是吗？

这梦与现实是对立的，能常做与现实对立的梦是好事。我觉得梦者不是定式思维，这与个人的性格和思维方式有关，人与人之间的梦千差万别，对公式化的解梦我是否定的。

三、梦中的自我教育、告诫及提醒

1

我的梦里经常会出现因为做事不慎而失败或吃苦头，每隔一段时间就会做类似的梦。梦里对我进行道德方面、人情世故方面的提示或警示。这是梦中的我在进行自我教育，自我教育是教育的最高境界。

婴儿出生后两三天，我观察到他们会在睡梦中哭和笑。在现实中，一个月内的小孩是不会有意识地笑的，而且初生婴儿在睡梦中表现出的哭和笑与现实中的哭笑是不同的。他们所表现出来的就像一个人在对着镜子练习表情一般，不是真哭，也不是真笑，而是在极快地变化着表情，我猜测这是一种练习。通过不断的练习，他们学会了哭和笑。

早晨起来上完洗手间，我迫不及待地记录下醒来前的梦。梦中的细节已经模糊了，大意是有一群假想敌在与我做智力方面的斗争。梦中，他们对我既是收买，又是夺取，梦里的我想，我是不会输给他们的，我不能失去气节，梦里的我与他们做着既惊心动魄又酣畅淋漓的游戏。

这是一段多年前对梦的记录，看看记录的日期，那年我五十五岁。分析当时自己的生活，应该说是较安逸的，是梦让人的生活多样化，还是在抵抗退化？到现在我也不能确定到底是哪一种。

孙子二十五个月时，语言能力与其他孩子比较应属于中上等，可是有一点，他分不清"你"和"我"的使用。在现实中，大人总对他说"你"，所以他称自己为"你"。发现这可爱的问题后，我数次纠正他，结果这小子还是顽固地称自己为"你"。在这些天里，阿姨两次告诉我（我让阿姨关注孩子在睡梦中的动静）这孩子在睡梦中使劲地喊叫："我要，我要"，以致于他自己都被吵醒了。开始我怀疑孙子叫的"我"到底是谁，经分析，确定应该是他自己，因为无论在什么场合，他不可能用这么着急的态度去让别人要，这孩子是在梦中学会了称自己为"我"。慢慢地，他在现实中懂得了自己即为"我"。梦确实有让人学习的功能。

2

一个女人的系列梦。

一个女人梦见自己从屋内出来去办事，刚出发不久，天空就下起滂沱大雨。无奈中她拿出一块随身带着的海绵盖住自己的头部，继续走在路上。没走多远，她突然发现自己的丈夫撑着一把油纸做的大伞走在她前头。她一阵高兴，想着能到他的大伞下避雨了。她喊了声，丈夫回过头来。那女人做了一个手势，丈夫明白了女人的意思，不耐烦地做着手势："你不是有海绵遮着吗？"接着就自顾自往前走去，不再理她。那女人有些怅然，就这样在雨中独自走着。

　　做这个梦的女人与我很熟，我知道她生活中的事。当她对我说完此梦时，我对她说："这是梦中的你在告诫自己，丈夫很可能不会与自己在风雨中同伞度过。"听罢，她不置可否地说了句："可能吧。"此梦告诉了梦者其在婚姻中的处境。

　　我与这女人关系不错，曾多次与她谈起夫妻关系也要适度强硬，不能太过迁就。我甚至说她"有点软弱"。一段时间后，她向我说起前一晚上做的梦：第一个片段是她在自家楼上睡觉，（晚上）忽然人声嘈杂，她无法安睡。起床一看，原来是屋顶上的门（连着房间）没有关，有多个陌生人在露天屋顶上，他们有的坐着，有的躺着，似在自家院子里自在地聊天，好一幅乘凉图景。她有点生气地问他们为何到这里来，并请他们离开此地。谁知对方很强硬，强词夺理地不肯离去。她想，这样是不行的，必须来点硬的。于是就下了最后通牒："再不离开，我就拨打110。"听罢此言，这群人就乖乖地走了。她就锁好了自家的门。第二个梦的片段：好多人拥挤着排队购买电影票，她排在前面，手中还拿着一把枪，显然，她占据优势。有一个人把她从队伍里推了出去，并把她手中的枪也夺了过去。她明白此人意在减弱她的力量，使其办不成欲办的事。她想要回枪，但他仗着自己力气大，不肯还枪。她再三地向他索回，还是白搭。她急了，心想自己要强硬一点儿，就对他说："你再不还枪，咱们法庭上见吧。"话音刚落，那人立马把枪还给了她。

　　我认为，这两个梦都是这女人自己对自己说的话："你不能太软弱，有人欺侮你时，你要强硬起来。"梦里的情节在教育梦者，你的强硬对你很重要，否则你便会成为一只待宰的羔羊。看来，那天我的话起点作用了。在生活中会出现一些有趣的现象，两个性格不一样的人却能成为朋友，并推心置腹地交流私事。我与这女人的关系便是如此。在之前，她老是与我说起她的梦。她是一个多梦的人，在梦境里常常会出现火车行驶在没有轨道的路上，等她发现时，火车已近身边，她惊恐地逃离。她总是梦见老虎、狮子在她不注意的时候注视着她，待到发现时，她被吓得不轻。她与我反复叙述的梦，刚开始我没能解析成功。随着交往的深入，我了解到她的丈夫是一个脾气暴躁的人，有时真不讲理，还时不时地来点暴力，是一个不按常理出牌的人。一天，她又对我说起前一天晚上的梦。在梦里，她与丈夫大吵，她丈夫随手操起一把剑。她顿觉不妙，倏地冲进另一个房间，把自己关在房内。她一看那房门不太牢固，门的缝隙较大，正欲用其他东西顶上时，门的缝隙插进了那把明晃晃的剑，而且正中她的胸膛。

唉哟，怎么会有这么残忍的梦境。我问她："你在梦里什么感觉？"她说："我想我终于死在他手里了。几次想离开他，但都没有实际去做，一切都来不及了，下场就是这样。"听到这里，我一拍桌子，"我明白了，你先前做的那些梦就是前意识告诉你的处境不安全，前意识用它的语言——脱轨的火车，凶猛的动物暗示你，你都没在意，于是它就再一次用梦境告诉你，可能会有这样的事情发生。"听完，我的朋友潸然泪下。

3

梦的提醒。

有一天，我路过熟人的店铺。久未见面，顺道进去寒暄几句，店铺老板知道我平日爱解析梦，就迫不及待地告诉我今早发生的一件事。

早上，他的一个熟人（一般熟）来到他店里，对他说："陈老板，你说滑稽不滑稽，昨天晚上我梦见你要向我拿钱，我说'没有诶'。你一定要拿，我再三说'没有诶'。"陈老板又对我说："她今早拿了两包高级烟给我。"说完，陈老板一副询问的态度看着我。我问："你们之间有业务往来吗？"答曰"没有"，只是有一次这熟人在别处买了一件几万块钱的高级饰品，买来后又不中意了，却退不回去，就寄放在我这里卖。没有几日，有人看中了这件饰品，我就帮她多卖了几千元钱，她很高兴。已经一个多月过去了，今天，她突然跑来对我讲了这个梦，还拿了两包高级烟给我。噢，一切都明白了。这其实也是一个自己对自己说话的梦。日子已经过去了这么多天，梦者意识里丝毫不觉得有什么，前意识却用这种语言让老陈向梦者要钱。梦里，梦者不觉得自己欠老陈什么，醒来后，我猜测梦者可能隐约感觉到了什么，想起老陈帮她代卖饰品，让她赚了几千元钱，于是就有了该表示一下谢意的念头了。听罢我的解析，老陈连说："原来如此。"

多年前的一个梦里，我又在考试。考试的内容正是我的弱项，结果自然是惨不忍睹，我心里很不舒服。正好那段时间琐事较多，我把主要时间和精力都花在应酬和贪玩上，还觉得轻松有趣，忘却了自己追求之事。晚上，理性潜入我的梦中，以考试的形式对我进行了警告。

2001 年 11 月 26 日早晨醒来，我捕捉着稍纵即逝的梦的片段：在我凌乱的记事本里，记着一位性格谨慎的亲戚交待给我的一些数据。看着发黄破损的纸张，我欲撕掉它。刚想动手，旁边一人（面目模糊）提醒我：让你记上数据的此人性格上是非常小心谨慎的，日后恐怕要查账，还是留着好，以免麻烦。我觉得此话有理，就保留了那页纸张。这个梦是再直接不过了，它在提醒我。哦，我进一步想起，那时，我还在学校任会计，定是现实中一闪而过的念头，被打入了潜（前）意识，看着多年前保留的一些似乎无用的数据，觉得已无再保留下去的必要，但犹豫间，还是保留了。梦用确切的形象在明白无误地告诫我。

德国著名哲学家尼采在《悲剧的诞生》一书中议论苏格拉底与音乐艺术的对立，其中说到苏格拉底在狱中告诉朋友，他常常梦见同一个人，向他说同一句话："苏格拉底，从事音乐吧。"他在临终时刻一直如此宽慰自己：他的哲学思想乃是最高级的音乐艺术。他无法相信神灵会提醒他从事那种"普通的大众音乐"。但他在狱中终于同意，为了完全问心无愧，他要从事他所鄙视的音乐。出于这种想法，他创作了一首阿波罗颂歌，还把一些伊索寓言写成诗体（诗体属艺术范畴）。尼采说得对："这位专横的逻辑学家面对艺术时也感到一种欠缺，一种空虚，一种不完全的非难，一种也许耽误了的责任。"我认为苏格拉底是一位偏重理性、注重知识的哲学家，可能对音乐艺术有一种不屑。但对艺术感觉的欠缺、空虚、不完全的非难等意念存在于他的潜（前）意识中，还没进入意识。梦就有这种功能，将前意识中的意念一次次冲关，直到进入意识界。这反复的梦境，也迫使这位大哲人修正了自己原先的做法，使自己变得更完善。

梦里，我口袋里的钱"干涸"了，我得到一个消息，在某个地方很容易得到钱。我于是来到一个既熟悉又陌生的如同大型传达室的地方，只见一张大桌子上摆着一叠叠装着现金的大信封，信封上写着收信人的姓名。有不少人在翻着这些信封，并很快拿走了。现场没人管理，有些混乱。我知道拿走的信封都不是他们自己的。在这种情况下，我也拿了一个价值中等的信封，揣在裤兜里走了。

麻烦和尴尬从此像影子般地跟着我，想甩也甩不了。首先，我不知怎么会趴在路边，我的一个朋友看见了，马上用她的身子挡住我，算是把我遮住，在我耳边轻声说，你怎么没穿裤子？我一看，果然白花花的屁股露在外面。我心里明白了，这是拿了那个信封的缘故，这里的裸体是自我反省的显现。我钻进旁边有蚊帐围着的被窝里，被子只是一床没有里子和面子的棉絮。刚躺下，我就发现被窝里湿淋淋的，无法使用。想把被子拿到太阳下晒也是不可能的，因为被子和垫褥是信封里的钱变的，一旦晒出，真相就会大白。我还担心，因为听说拿信封时，有监控器把全程录下来了。真懊悔自己不谨慎的行为，弄得自己上下里外都不好做人。

我醒来后思忖，这是一个难能可贵的提升和锤炼我的灵魂的梦。贪欲是人的本能，此梦以如此形象的方式在教育我，要审慎地对待自己的行为。在这个梦里，我窥见了本能与自律的斗争，幸好是后者占了上风。在做梦的当天，其实我跟朋友谈论了钱财问题，观点是"君子爱财，取之有道"，于是夜里的梦再次强调了我清醒时的观点。

今天，我看到了十多年前所做的记录。一位朋友告诉我她前天晚上做的梦。梦里，她留着长发，偶然中发现自己的发梢爬着三只硕大的虱子。她忙偷偷地用指甲磕死了它们，同时惊诧自己怎么会长虱子，有点无地自容。她告诉我，梦中她埋怨自己太不谨慎，染上了虱子，有些难以见人的感觉。我问她做梦前的经历，她停顿了片刻，说白天她亲戚与她谈论起一些社会现象，言谈中亲戚的某些话语刺激到了她，她感到自身也有亲戚说的某些不良行为，晚上就做了这个梦。我明白了，这是自省的梦，这位朋友有自省的心理倾向。自省也可以有多种形式，不一定是赤身裸体。抓住梦中的感觉去解析，大抵不会错。

弗洛伊德在《梦的解析》里举例：一位由祖父那里得到大笔遗产的年轻人，正当悔恨花去许多钱的时候，梦见祖父还活着，并且向他追问，指责他不该如此奢侈。而当我们所谓更精确的记忆发现此人去世已久时，那么这个梦中的批评不过是慰藉的想法（幸好这位故人没有亲眼看到），或者是一种惬意的感觉（他不再能够干扰）。❶

这个梦与我记录的一个梦非常相似，但解析不同。

我的一位熟人，父亲临终前给了她一笔钱，并一再嘱咐她一定要有计划地用钱。因为父亲深谙女儿的性格，平时用钱大大咧咧，不善于精打细

---

❶ （奥）弗洛伊德. 梦的解析 ［M］. 合肥：安徽文艺出版社，1996：285.

算。果然，没多久，我这熟人朋友就用了不少钱，也不吝啬借钱给别人。她对别人说，她在梦里的老爸再三对她说用钱的事，告诫她务必要有计划，省着用钱。这个梦起到什么作用了呢？我想是告诫的梦，是她在清醒时所缺乏的一份明智对自己的告诫。

有个熟人原先是有职务的干部，退休后的某天与她相遇聊天时，有人捧了他一句："你做官是清廉的。"接下来这熟人就大吹自己是如何地清廉，简直是清廉的标兵。这事聊后大家就散了。巧的是两天后我又与那熟人相遇。他是直性子，不避讳地说起那天聊天后，他晚上做了个与事实相反的梦。梦里，他还掌有实权，有人向他行贿，送他一大包大面额的金钱和许多购物卡，面对这诱人的钱物，他选择了带着钱物逃去荒郊野外。在野外跌跌撞撞地逃跑着，最终还是逃不脱被逮住的结局，他进了拘留所。他问我这梦是怎么回事。我想了想，觉得这是一个自己对自己谈话的梦，当然，梦还是用图像表示。白天的那场聊天，可能会引发梦者内心复杂的念头，甚至有可能追问自己究竟做得值不值。当初的自己如果是相反的做法呢，那现在会怎么样？现实中似乎没有答案，是梦给了他回答。我觉得从中可以窥视出梦者的思维倾向，也可以说这是一个告诫的梦，告诫是一种预先告诉你后果的教育：做此类梦的人会少犯错。

在这里需要说明的是这个梦属于与现实相反类呢，还是告诫和提醒？很难辨清。有些梦的类别真是你中有我、我中有你。

关于养生馆小霞的一个梦，小霞困惑地问我，昨天，她多年前的挚友（好久没有碰面和联系了）打电话对她说，她昨晚梦见小霞的生活很悲惨，父亲死了，丈夫与她离婚了。她问小霞是不是一切都好。小霞回答一切都好，父母、丈夫、孩子都好。她朋友说"那我就放心了"。小霞表示对朋友的这个梦难以理解。我问她与这朋友的关系如何，她非常肯定地说，确实是非常铁的关系，只是很久没有联系了。我想这梦应该排除"愿望的达成"，便对她说，朋友与你虽长时间没有联系，但心里可能会时常想起你，因为各自的忙碌，就会把牵挂搁置。终于有一天，梦就编排了朋友的这些不幸，促使梦者去确认事件的真伪，来了结这份牵挂，这是个与现实相反的梦。与现实相反的梦，各式各样，甚至千奇百怪，其宗旨也是多端的。遇到与现实相反的梦时，要明白梦是有它的目的的。表面上与事实相反，其实质是梦的提醒。

又是一个自我教育的梦。梦中我在洗头洗澡时，知道有人以较低的价格买了值钱的东西，匆忙中我也赶去了，发现卖货的是我的一位熟人。通过套近乎，我花了三千元钱（与别人一样的价格）向她买了一对硕大的鸽子。掏钱时发现自己没有带足钱，只能向别人借，又发现因来时洗发水没清洗掉，我的头发上全是白色的泡沫，真让人尴尬。等借到钱后，我拿着买到手的鸽子，走在路上，心里开始不踏实了。用三千元钱买了一对鸽子，买来做何用？心里不清楚，对自己做事的不满意充斥心头。醒来后，在描述此梦境的过程中我恍然大悟，原来这又是一个自我教育的梦，梦里出现没有带足钱、头上全是白色泡沫的影像，以及买来鸽子后的心里不踏实，象征了办事的匆忙和贸然，暗示其结局是不会令人满意的。

梦里，我在织毛衣。毛衣打到大半件时，才发现我把新和旧、淡黄和紫红色的毛线混织在一起了，显然这是一个很低级的错误，这件已经是半成品的毛衣是白费心血了。梦中的我不停地自责，竟会犯下如此可笑的错误。这是我在梦里的情绪。这显然是一个自我教育的梦，梦中提醒自己在做事过程中要常做检验，以少犯错误。

梦里，我很热，就找了个房间把房门关上，一件一件地脱衣服。当我脱好衣服准备出去时，我的女友却从房间的另一扇门走了进来。我这才发现这扇门就根本没关过。梦中，我自责做事太粗心，又庆幸不是外人，还不至于出丑。这还是一个自我教育和提醒的梦。

无独有偶。临近过年了，今早，家里的保姆对我说，昨晚梦见自己回到家了，到家后，发现过年要吃的香肠和外孙喜欢的大气球都没带回家（现实中已准备好了），于是直骂自己混蛋。这也是一个提醒的梦。

一个我熟知的女友告诉我她的一个梦。她的裤兜里藏着一条蛇，对这蛇，女人好像并不十分害怕，只是它老把口张得大大的想咬她。突然她的腿根大动脉处被它咬住了，她知道自己性命垂危，便鼓足勇气用手捏住蛇头，使劲在大石头上撞，蛇头撞碎了。我把这梦与她的现实生活联系起来分析，她的男人对她有时的确恶劣，会用暴力，喜欢侮辱人，过去的她自认为是"顾大局"的人，朋友们都戏谑她"好女人"。随着她自身的觉醒，也觉得决不能再如此下去了，这个梦，"本我"在助她做想做的事，也暗喻了她想做这件事的决心。半年后，终于传来她解除婚姻的消息。我认为这个梦具有自我教育的功能，当你遇到危及生命的事件时，你要有勇气扭转局面。

一个朋友说起她妹妹的梦。她说妹妹凡清醒时在自己脑子里想起，或是与人聊天时，谈及（完全是无意中说起或想起）他丈夫的好处时，夜里的梦总与她对抗。梦里的事在现实中类似地发生过，让她妹妹再次体验痛心的情绪，此类梦是一而再、再而三地发生。朋友问我是怎么回事。我问了她妹妹与丈夫间的关系后（因涉及隐私，此梦的叙述比较笼统），我认为这是一种告诫的梦，白天的意识活动遭到了潜（前）意识的反感，梦里潜（前）意识出来强烈地反对，它挖出类似发生过的事例来告诫梦者，你不能再信任他了，那些伤害和痛楚不会忘了吧。我的分析由我朋友转给她妹妹，得到了她妹妹的肯定。她妹妹说，梦醒后的感觉就如我分析的一样。这也是梦的一种功能。

孙子快四十个月了，是一个很会提问题和极喜欢看图识字的小家伙。闲下来，我会带他到楼下不远处的公园荡秋千，他会非常高兴地喊道："把我推得高一点，再高一点，我飞起来了。"我知道人是很喜欢这种刺激的，我不时地提醒他抓紧手中的绳子。平时我常会要求他说说自己的梦。这段日子，他对我说，梦里有个人对他说："你千万不要飞。"如此这般几次，我也不解其意。那天荡秋千，他又要求我推得高一些时，我突然想起自己曾对孙子说，秋千荡得高是开心的，飞起来的感觉很好，但有一定的危险性哦。我自己说过的话忘了，却留在了孙子的前意识里，所以梦里会几次出现类似告诫的话。我知道这孩子胆子有点小，只是提醒般地说了。他越开心越要抓紧绳子，不能忘乎所以。他的性格促使他做了这种梦，梦中的人劝诫他"千万不要飞"。你看，这不是梦中的告诫和提醒，又是什么呢？

今天早晨还不到四点，四岁还欠两个月的孙子在睡梦中醒来，对着阿姨喊："我做梦了，我做梦了，快告诉奶奶。"并执意起床。这孩子，真难为他了，把做的梦说给我听，对他来说是一件大事。可见我对梦的解释对他造成了多大的影响。

他说梦见在幼儿园里，他的同学在吃带肉的排骨，吃得太快，骨头和肉卡在喉道里了。我问，那老师和同学怎么办呢？他说，谁也没有办法，就卡在那里，我急得醒过来了。

现实中，这小家伙特爱吃糖醋排骨，吃起来速度很快。我在边上一个劲地喊，慢点，慢点！我多次对他说，吃东西太快容易发生危险，因为太快，就会噎住，或呛到气管里，这可是危险的事哦。这孩子懂事地点点头，可在实际生活中仍然我行我素。夜里，梦来教训他了，用同学的例子来教育他，他甚至醒过来了。我想，这梦是起到了警示作用。

有天晚上睡不着，思绪只能信马由缰，将我带到了几十年前的一件事。那时，我有个女同事与我关系甚好，闺蜜级的。那时的她年轻、可爱，单位领导看上了她，欲与其走近。我发现她的表现是不卑不亢，你走进一步，她就退一步，始终保持距离，明眼人都心知肚明。一天，我走过一间办公室，那门开着，从里面传出声音："你在梦里真坏，捉弄我。"我循着声音往里看去。里面是我闺蜜正脸朝门，单位领导背朝门，那领导还做出用脚踢我闺蜜的动作，当然还离了一大截。我闺蜜象征性地避了一下，马上她就出来了。事后与她谈起此事，她说这领导怎会在梦里梦见我捉弄他？我与她开玩笑说，可能他梦见拥抱你了，你却大声喊："救命啊！"于是我俩大笑。

今晚，我忆起这往事，想给这位领导的梦做个分析。我掌握的梦内容是很有限的，但可以确认的是，这位领导有这种占有心理。梦对他作了警示，也是因为现实中女同事的态度让领导明白此事不可能得逞。梦就用图像清晰地作了告白，这领导也就停止了痴想。这个分析，我想是站得住脚的。

四、受到暗示后做的梦

自古以来，人类认知自身生存的世界，不仅是靠个人用实证的方法，还有一个重要的途径就是听信他人所传递的信息。人类是群居动物，是一个协作体系，从一生下来就在一个群体协作中去认知这个世界，如果单靠自身去认知，是十分缓慢和有限的。人们之间的交往会有认知上的传递，我们会在自觉或不自觉中互相接受这种暗示和传递。我认为这也是梦的素材之一。做这类梦，可以提高人们对认识的一致性，这个重要的心理行为与社会发展的高度文明不是没有关系的。

一个熟人向我说起一个奇怪的梦。她说，她舅舅去世后，她表弟在清明、冬至到坟前烧化祭品时，不信旁人要他在祭品上画上圆圈的话，据说画上圆圈是为了防止祭品被其他鬼抢去。这是当地人的一种风俗，他表弟对这一说法不当回事。如此二三次后，有一天晚上，表弟梦见亡父来托梦，对他说你烧化祭品时不画圈，东西全被其他鬼抢去了。表弟醒来想起这个梦，很是奇怪。难道众人说的这个风俗是真的？为保险起见，他以后在祭品上都画圈了，亡父也就没有再给他托梦了。熟人要求我解析一下这个梦。我说，别忙，让我先打听一下。接下来，我向周边的人了解了烧化祭品的习俗。凡被问到者都说没有这种说法和习俗。问我梦的是外省人，最后，我得出结论，别看他表弟表面上不信这种说法，但在内心可能并不踏实，甚至在前意识中已经接受了这种说法。在梦里却借用父亲的口吻与他说了这个事，让他纠正了烧化祭品的方法。在这件事上与他人保持一致的做法，使其在心理上感到踏实，有安全感，这是人的从众心理。有的人主见性较强，有的人基本没有主见，即人云亦云，后者更容易接受暗示。

　　我五十年前的一个梦可谓刻骨铭心，一情一景都历历在目。那是1966年的事。我是家中的幺妹，吃罢晚饭兄姐就要到学校上晚自修，家中事多，母亲总是要到天快黑时才把马桶倒了。做这件事的肯定是我，母亲让我把马桶拎到一个指定的小池塘里刷干净。那年，我虚岁13，那个年代的子女是一定要分担家务事的，不可以有二话。几乎每天我都拎着马桶和竹刷子到距离约三百米的小池塘里刷洗马桶，那时，我家住的那条弄堂还没装上电灯，唯一的亮光是从家门口或窗口透出的煤油灯昏暗的光线。在去往小池塘的半路上，住户没有了，接着是一个断壁残垣的菜园子，里面种着各种瓜果和蔬菜。在夏秋的夜晚，各种虫鸣声响成一片，这里也是我去小池塘最黑的路段。在那个年代，我们唯一的娱乐就是在乘凉时听大人讲《聊斋》的故事，我当时又正当想象力丰富的年纪。凡经过那里，我总会不由自主地加快脚步。一天，大我几岁的长兄问我："你知不知道那个大菜园里有精怪？"接着他自顾自地说下去：听说晚上经过菜园时，走着走着，会突然有一个破菜篮从后面咕噜噜滚到你面前，你肯定会怔住。这时从破篮子里"呼"的一下会钻出一个黑老太婆站在你面前。那时候的我还不能辨认这件事的真假，年龄越小，越容易听信别人。从此，我落下了害怕经过这菜园的毛病，又不敢与母亲讲，怕招来骂声。只能是经过那菜园时，脚底生风地跑。后来母亲发现我刷洗马桶的时间不对，就疑惑地问我怎么会这么快？我就让她检查马桶是否干净，母亲看了也没言语。只有老天知道我内心的害怕。如此这般提心吊胆一段时间后，我做梦了。梦见自己在一口大塘里洗蔑席，洗着洗着，我发现了一个毛刷子，随着水波渐渐地浮向我的席子，梦中的我立即察觉这是一精怪变的，它想靠近我，休想！我使劲地用水将它打了出去，这毛刷不见了。过了一会儿，又漂过来几根稻草，总想靠近我，又被我发觉也是精怪变的。我又死命地用水泼打，这稻草又逃之夭夭了。梦里，我成了火眼金睛，任何精怪都休想靠近我。醒后，我在回味这梦时，有些窃窃自喜。这是一个强有力的自我暗示的梦，那时候仿佛觉得自己真有非凡的本领，从此再走那条路时，我的害怕大大减轻。这是我人生第一个如此清晰的梦。我想，这就是梦的暗示所起的作用。梦真的是心理卫士，我当时的心理已经非常脆弱，一点点的风吹草动就会把我吓到，通过暗示，梦替我补充了正能量，我就变得强大起来。尽管梦里的情景是虚幻的，客观上却起到了这个作用，暗示的作用有时是巨大的。

俾斯麦曾任普鲁士王国首相（1862—1890 年）、德意志帝国宰相（1871—1898 年）。他回忆道："那是发生在战争最激烈的时候，任凭是谁也不知道结果是什么。我梦见自己在狭窄的阿尔卑斯小径上骑着马，右边是悬崖，左边是岩石。小径越来越窄，马儿拒绝再前进；因为太狭窄了，要回身或下马都不可能。然后我以左手拿着马鞭，拍击着光滑的岩石，要求上帝的援助；马鞭无止限地延长，岩石壁像舞台背景一样地跌下去（不见了）展开了一条宽敞的大道……那里有普鲁士军队的旗帜……此梦很完满，我醒过来时，全身充满了喜悦与力量……"

弗洛伊德在分析此梦时，说这个梦是愿望的达成，并详尽地分析梦中马鞭的延长是象征和暗示着梦者幼儿期的自慰。我的分析是俾斯麦此时的情绪是紧张焦虑的，从他的梦的前半部分可以看出来这种陷于困境中的焦虑。这时，他请求上帝的援助。俾斯麦出生在一个热爱《圣经》的新教家庭，这与他受的文化教育有关：梦里，一条宽敞的大道出现了，自己军队的旗帜出现在敌人的境内，这是一个饱含暗示的梦境。醒来后，俾斯麦全身充满了喜悦与力量，梦中的马鞭就像魔术师手中的道具，是演戏的道具。梦里，岩石壁像舞台背景一样地跌下去（不见了）。弗洛伊德认为马鞭的延长是阳具的象征，但我认为这个时候，改变俾斯麦的情绪，才是梦的用意。

俾斯麦的这个梦，与他的性格辅车相依，不能不说他性格中的自信有一部分来自梦的辅助。

一年轻男子与我说起昨晚他做的梦。梦里，过世几年的舅舅到他家与其聊天，一会儿舅妈也进来了。年轻男人想，他们不是都已经去世了吗？怎么可能？心里满是疑惑。因此，虽然他与他们交谈着，心里却总是不踏实。讲完了梦的过程，我问他在梦里是否有不确定的情绪，梦前在现实中是否有过与梦中相同的不确定情绪？"哦，你这样问起，我想起昨天有人向我转发了一条微信，'量子意识'，它的理论让人似信非信，有一定的道理，但又不能让人简单地相信。"我让他把微信转发给我，打开一看，第一个标题便是《量子力学的诡异现象》，说的是当意识没有参与观察时，客观物体就处在叠加状态，既可以是 A，也可以是 B。文中用既死又活的"薛定谔的猫"来阐述这一理论。我对他说，你的这个梦是由于看了这条微信引起的。他说，我没有仔细看，只是浏览了一遍。我说，这就更对了，梦就是这样，把你没有经过咀嚼（思考）的意识压抑在无意识（前意识）层，通过梦用特殊的语言将图像呈现出来，梦的图像可以窥见梦者对一闪而过问题的理解程度和判断（会充满问号）。人的大脑是很容易接受暗示的，微信里的"诡异"现象和既死又活的"薛定谔的猫"与梦中的情境是何等的相似。这类梦的目的是什么？可能是把收集到的信息以梦的语言，不断扩充梦者的意识界，或肯定，或否定。根据这位梦者的梦境，我认为他对"量子意识"的疑惑不轻，就像死去的人又活过来了一样。

　　暗示不仅是从旁人那里得到，还可以从自身处得到。自身的意念就是一种暗示，时下流行一种说法：用正面的意念常常刺激自己，会使自身的体质强壮起来；用负面的意念刺激，效果是负面的。不断的暗示，我相信真会产生出乎意料的效果。仔细观察，人类的生活处处存在暗示，即便是宗教信仰，也是用暗示做基础的。

　　下面说一个我本人的梦。这段时间，我是比较容易接受暗示。

　　昨晚，社区书记来家走访。谈及我们居住的该区房屋征收事宜。我丈夫说年龄大了，许多事情很怕烦了，同意房屋征收是一种无奈的服从。我也凑上前，以例说明，几年前播出过一档电视节目，说的是在西部缺水地区，政府帮助当地人迁移至水资源相对充裕的地方，小孩和中青年人都乐陶陶地愿意搬迁，唯有老年人，尤其是七十岁以上的，对这里已经习惯，甚至是离不开这地方了。习惯的势力是强大的，无怪乎有哲学家说，习惯是人的第二天性。当晚的梦中，我为房屋征收之事烦不胜烦，感觉自己仿佛成了一棵被连根拔起的老树，这种烦躁的心情少有。待到很难受时，一个声音反复在耳边劝慰：人挪活树挪死，住到别处，有限的人生也可多得到一些不同的生活体验，这是一种得到。慢慢地，我的心情平静下来。不要嘲笑"精神胜利法"，它其实是一种保护心理的正常活动。每个人在世上的能力、表现是悬殊的，当一个人处于弱势地位、无法扭转对自己不利的状况时，"精神胜利法"就是自己的理智对本能的劝慰，使得倾斜的心理得到平衡，这对生存有利——在弱势群体中，这种现象尤为多见。在梦中，也常常会出现欺骗似的"精神胜利法"，它的目的是使自身能生存下去，它符合人的生存法则。这是我个人对这心理活动的认识和理解。

醒后，我对自己强烈的不良情绪感到奇怪，一直以来，对于房屋征收，我的态度是豁达的，为何昨晚一反常态？经分析，应该是自己说的例子对自己产生了暗示作用。

阴传的秘密

云南少数民族纳西族的"东巴"（宗教仪式时与神交流的仪式的主持人）这一职业主要通过"阴传"而掌握该职业的核心内容和技术。所谓"阴传"就是在梦里接受传教，"阴传"是一种"世袭"，当地的神医也通过"阴传"而得以传承。不管是先人还是后人，他们都没有文化，而且也没有记录职业内容和技术的文字。要传承这些令人羡慕的职业有一定的困难。有一个神医的女儿继承了母亲的职业，记者问她是如何得到"阴传"的。她有些含糊地说，梦里有人对她说，这药怎么好，那药怎么好，于是她就继承了这一职业。只能通过"阴传"继承，是这种职业的规则，这会使人产生一种神秘感，能使人像信神一样地信任他们。我想，职业上有这个规则，先人在世时，后人即使有所领悟，也不敢表示出来，只能把这些零零碎碎的感知压抑在潜（前）意识中，等到时机成熟，这些被压抑的感知就会以"阴传"的形式进入意识层，继而堂而皇之地表现出来。在这个过程中，暗示起了主要作用，继承职业的人不管是在对自我暗示，还是在对他人暗示上莫不如此。

暗示，是影响人的心理的一种特殊方式。通过言语和非言语（表情、手势、动作、环境）手段传达，暗示可分为外来暗示和自我暗示、直接暗示和间接暗示，间接暗示是利用隐蔽的形式传递信息，其特点是掌握信息的无意识性、不明显性和不随意性。

我兄长因从木梯上跌落，导致颅内血管破裂，在医院重症监护室躺了二十二个月，终因病情过重而去世。我侄子有两位朋友在城里做事，在他出事后，我兄长的房间就让给了两位朋友住，算起来他们也住了二十个月。我兄长出殡几天后，侄子向我说起他朋友在我兄长出殡头天晚上做的梦。两个朋友分别睡在两张床上，那晚，他俩睡得很迟，后半夜约两点左右，两位朋友先后都梦见一个男人站在离他们的床两三米处，对着他们凝视。在这种境况下，他们就猛得张开眼，那影子却不见了。事后几天，那两位朋友就将他们的经历说与我侄子听。侄子就问我他们做这个梦的原因。在我没有完全了解事情的前因后果时，我不能贸然得出什么结论。后经再三询问，得知其中有一位朋友的老家有这种说法，即逝去的亲人在出殡前夜，要与家人见最后一面，这一面便是在梦中，算是告别吧。这位朋友说，这是很灵验的，大家都认同的。在他们居住的房间里，原来的主人明天要出殡了，这屋里充斥着原主人的气息，用的、穿的，莫不是。我侄子的这两位朋友在睡前谈起了老家的这个说法，在谈话时，谁也没有意识到这会产生什么。到梦真实发生后，他俩才感到有些吃惊。原主人与他们不是亲人关系，为何也会在梦中出现？而另一位的老家并没有这样的说法，对此更是不可理喻。我分析，这两位的睡前谈话起了暗示作用，再加上他们住的房间全是原主人用过的东西，在心理上给人造成一种近距离的感觉。我又问他们有没有害怕的感觉，他们都说没有。这也是一个因暗示而做的梦，读者朋友，你们认同我的分析吗？

我在一本书上看到，一位女性梦到与同性接吻，用手爱抚对方的身体，感觉很舒服。这位女性一直自认为是绝对的异性恋者，梦里她成了同性恋。别忘了在做梦当天，她与人谈论起同性恋的问题，与她谈论的人是认同同性恋现象符合人性这一说法的。这位女性就接受了这个暗示，并在梦中体验了一番。

在社会上人与人的交往活动中，语言和行为上其实无不充斥着明示和暗示，明示和暗示是胶着在一起的，发出和接受暗示是人的一个重要的心理行为。通过这个行为，人类可以提高认识的一致性，我甚至认为，这个重要的心理行为在社会进化的过程中起着重要作用。

多年前的梦。梦里很热闹，但我内心感到很孤独。自己住院一周，也没有一个人来看我，包括我最亲的人。后来，我才知道我是做了变性手术，我成了一个男人。在现实中，我那段时间曾在媒体上看过关于变性人的介绍，多是由男的变成女的，鲜少碰到相反情况。当时的想法是世界之大，无奇不有。而且这种事情很难获得旁人的认同，做这种手术，必定要有强烈的主观愿望做支撑，这种想法暗示了我，让我在梦中体验了一番变性带来的感受。梦中感受的是强烈的孤独感，没人理会我。

五、让心智更成熟

十七年前，我做了一个可怕的梦。我与娘家兄姐暂时居住在一个地方，后来发现这里是个大坟场，在隔壁和床铺周边全是一堆堆没有烧透的尸块，焦色的尸块还冒着烟，并且能分辨得出男女老幼。一家人甚是恐慌，欲赶紧搬离到别处。这时，一个宏亮的画外音响起："没什么可害怕的，每个人都逃不脱到这里报到的结局，这里是你们的终点站，你们统统要在这里下车。"我惊骇地醒了过来。我沉思，虽说梦里的现象是真实的，但梦把长时间和大空间里发生的事经过可怕的渲染，再压缩在一两个画面里，确实让人受不了，但却让人清醒。特别是那个画外音，使人感到整个世界就是一个大坟场。梦后的感觉是对人生的再认识，时间过去了十七年，当时对这个梦的分析是困难的。我翻着那段日子的记录，虽让人有颇多感触，但如果与此梦联系起来分析，会觉得牵强，很可能当初把重要的所思漏记了，以致无法与梦相联系。但有一件事是肯定的，自我从四十岁起就常会梦见死亡，我对自己作出这样的判定：四十岁前我是感性的，四十岁后我转向了理性。孔子曰："三十而立，四十不惑，五十而知天命"，看来孔子的话的确是规律性的总结。这种梦让心智成熟起来，清醒地认识人生。在骨子里我觉得这梦应属于宣泄，在梦的空间经历了那样的场景，回到现实世界还有什么不能接受的呢？梦是在帮助我们解决白天遗留下来的问题。当然这是一种虚拟的解决，其手法五花八门，本质是减轻心理负担。

这个梦的分类有点难，是属宣泄还是心智成熟的梦？这个梦的手法是宣泄，作用却是心智成熟，姑且放在心智成熟的类别里吧。

一个近七十岁的老人问我，他做的一个梦是什么意思。这位老人的父母在现实中都已离世。在他的梦里，父亲去世了，母亲亲自操持父亲的丧事。他的母亲手拿一把锋利的大刀，将父亲的尸体一块块肢解，梦者就在边上看着母亲做的一切。我问，你心里有害怕的感觉吗？那人回答，一点儿也没有害怕，就像看电视节目似的。照例，我问他这段时间经历过什么。他说，自己的年龄大了，耳边常传来熟悉之人去世的消息。不久前，一个经常来玩的熟人才五十多岁，说走就走了，唉，这生命真没有定数，自己能活到这个岁数，要感谢老天爷了。我听他讲了这番话，明白此人对生死是已经看开了，此类梦是否表明他的心智已经非常成熟了，对待生死像看平常物一样平静呢？

在完成《梦的探索》初稿后，某天晚上我做了一个梦。梦境发生的时间是十几年前，地点是原来的房子里，人物也是我熟悉的。梦的意念是在办某人的结婚大典，因为熟悉，我在尽力地帮凑着。帮着帮着，红喜事转向了办白喜事，说是新娘的小姨去世了。新娘的母亲在操办妹妹的丧事，看不出有什么悲伤，只是仪式的隆重非一般人家能及。死者穿着华丽的绸缎服，盖着的被子拖到了地上，这般豪华不曾见过。梦中，新娘的影子模糊，倒是死者的仪式和排场反复出现，像是特写镜头，在加深我的印象。明明是办红喜事，怎会变成了办白喜事呢？在扫兴中又觉正常，生活就是这样的，生和死不分轻重，梦里的我极像一个旁观者在看热闹。进入老年后的我，会经常性地梦见死亡，或许这与我常会思考这个问题有关。现实中，我想让自己含笑离开这个世界，梦里毕竟有一丝不悦，这就是理性与本能的差别。我在思索，梦为何安排逝者穿着豪华的服饰。结论是为了引起梦者对死亡的关注和重视，就是所谓夺人眼球。我梦见了我的本能对死亡的态度。

第三章

梦引领人类进化——文学、艺术的摇篮

一、梦引领人类进化

"如果你记得梦见腾飞之迅急、翱翔之苍茫,有如小鸟,或舞蹈之优美,歌唱之动听,超越了你的想象所及,你就会知道,一切人间创作对这些活动的描述都比不上梦中你的感受那么扣人心弦。"（美国心理学家盖尔·德莱尼）

"为什么在梦中对事物的洞悉,胜过大脑在清醒时的想象?"（达芬奇）

"梦中意象似有所寓,提醒我们形诸语言……我们心有所悟若出其里。"（柯勒律治）

"当人类思维在梦中驰骋时,真使我深信其法术无边,就此而论,没有可望其项背者。"（英国教士威廉·本顿·格泸洛）

"正因为我不失时机地记录下梦中所现,我才有了许多画龙点睛之笔。"（英国作家沃尔特·司各特）

以上格言是这些名人对梦想超越了现实的描述,我借用他们作为梦是思维的前耕者和梦能引领进化的理论引证。

二、梦是文学、艺术的摇篮

"每个人在创造梦境方面都是完全的艺术家，而梦境的美丽外观是一切造型艺术的前提。"（尼采）

弗洛伊德在《梦的解析》中说到一个古老的真实事件。一位作曲家、小提琴家梦见"将灵魂卖给魔鬼后，就抓起一把小提琴，以炉火纯青的演奏技巧演奏了一首极其美妙的鸣奏曲"。醒来后，他立即写下所能记忆的部分，结果写成了那首有名的"Trillo De Di-avolo"❶。

同样地，在《梦的解析》里讲到德国的一个化学家在梦里发现了"苯"的化学分子结构。这些表明，梦可以进入思维的顶点。

有些文学家和艺术家有着特别忧郁和敏感的气质，我虽不知他们曾经做过的梦，但从他们的作品里可以窥见他们借鉴了梦境。那副由挪威油画家、版画家蒙克所作的世界著名油画《尖叫》，是世界经典绘画作品之一，我觉得这幅画的取材来自梦境。我们都做过梦，知道梦的最大特点是除了梦者外，梦中其他人对梦中发生的事都表现得无关痛痒。《尖叫》的画面中，只有一人（即梦者）表现极度的恐怖，并发出尖叫声，其他人都在安然自若地漫步，丝毫没有受到梦者情绪的影响。这太符合梦境了，画面中的色彩和线条表现得是莫名地不安。我设想，画中主人公表现出来的恐怖除了体验到突然来临的死亡外，其他很难有这种表现。所以，我高度怀疑

---

❶ （奥）弗洛伊德. 梦的解析 [M]. 合肥：安徽文艺出版社，1996：459.

《尖叫》取自梦境。

奥地利作家卡夫卡也是一位具有特殊敏感气质的人，在他的短篇小说《变形记》中，把人物置放在假定的场景中，用荒诞滑稽的情节凸显出人物某种生存困境和糟糕的情绪，这与梦境非常相似。这两位文艺界的名家之所以能创作出与众不同的作品，是与他们本身的气质和潜在的性格分不开的。他们利用了独特的角度去感悟和体验人生，这和普通人做梦与自身潜在性格紧密相连是一样的道理。

意大利中世纪的著名诗人但丁所作的《神曲》，不但在思想方面是一座划时代的里程碑，而且是一部传授知识的百科全书式的鸿篇巨制。他用梦幻游的表达方式摆脱了传统文艺的羁绊和局限，最大限度地展开人的想象力，使人类艺术达到很高的境界。他为人类留下了珍贵的精神财富，这应该得益于梦对人的提示。

《洛神赋》是三国时魏国曹植的一篇传颂名作。它也以梦游的形式描绘了神话中的宓妃化为洛水女神的完美和诗人（曹植）对她的爱慕，最终"人神之道殊"而不能交接。这篇赋作想象丰富，极具艺术魅力。东晋画家顾恺之以曹植《洛神赋》为依据，描绘了这一场景的画作，原作已佚，宋代有多卷摹本，可见文人墨客对这篇名作的兴趣之高。

我国历史上宋朝的第八位皇帝宋徽宗赵佶，是一位名副其实的艺术家。他一生的最爱是诗书画。历代帝王中，宋徽宗的艺术成就和对艺术事业的贡献都是不容忽视的。他是一个少有的艺术天才，被后世评为"诸事皆能，独不能为君耳"。

世人皆知，别具一格的"瘦金体"为宋徽宗所创，然而很少有人知道宋代汝瓷"天青色"的问世乃源于宋徽宗的一场梦。这个挑剔的帝王不喜欢定窑的白瓷，他对梦中的"天青色"念念不忘。于是，他命工匠烧制出他所描述的瓷色。（那年我登黄山，适逢见到了"雨过天晴云破处"的天青色，领略了那优雅、动人、美妙、迷人的绝妙色彩。当时，我揣测宋徽宗也是见过了这"雨过天晴云破处"的绝妙，他迷恋这"天青色"，以致在梦中见到了这种瓷色）在工匠的努力下，终于烧制出宋徽宗梦中的瓷色。听说这"天青色"的瓷釉是添加了玛瑙的，出窑的瓷器色泽青翠、华逸，釉质肥润莹亮。温润、古朴、内敛的"天青色"，让汝窑有了超越同时代其他瓷器的独特的艺术魅力。

我想，这也是一例"梦是文学艺术的摇篮"的有力佐证吧。

英国的刘易斯·卡罗尔是与安徒生、格林兄弟齐名的世界顶尖儿童文学大师，他的《爱丽丝漫游奇境记》和《爱丽丝镜中奇遇记》在世界童话界引起巨大轰动，这是因为他一改传统童话充斥着杀戮和说教的风格，以梦游的形式开启了一场充满象征主义而又魔幻荒诞的奇妙之旅。这一鼎立之作大受文艺界的青睐，除各种出版物外，还被编成了戏剧、电影、电视剧、芭蕾舞、轻歌剧、哑剧、木偶剧等，各种载体精彩纷呈，它能给人以诸多的启迪。能说明"梦是文学艺术的摇篮"这点的文艺作品似乎不胜枚举，俯拾即是，例举已足够说明。

一个三十出头的年轻女人与我说起她青少年时期的梦，她从小爱看科幻片，晚上会经常将潜（前）意识和意识共同制作的科幻片一部部地在梦中演绎，其精彩程度让自己也倾倒。她说很可惜，因为各种条件的限制，没能往那方面发展，如果条件具备，她有可能在这一行业大展宏图。

性格在梦中展露的观点，只要去品尝，就会认同。

我还有一个有趣的现象与读者分享。两年前，我到朋友家串门。此时，朋友的女儿带着刚从幼儿园接回的女儿（六岁）回家。打过招呼后，这孩子走到母亲身边，我没听清她向母亲提出了什么要求，可能是那天小女孩的母亲心情不太好，对孩子提出的要求断然拒绝。只听到她有点严厉地说道："你什么都学完了吗？什么都学好了吗？又要去学什么？我是不会让你去的。"我注意到孩子立刻像被霜打了的茄子——蔫了。我想转移孩子的注意力，故意与她嬉闹，却不奏效。吃罢晚饭，这孩子拿出画画的纸和彩笔，说："今天我要画画。"朋友家的墙上贴满了孩子的画和奖状，我知道这孩子有一定的绘画天赋。这边我与孩子外婆在说事，那边孩子在画画，孩子母亲站在旁边看。我听见孩子说："妈妈，这是没办法的事，你脸上确实长着这么多的痣。你照照镜子吧。"边说边麻利地继续画着。她的母亲真有涵养，笑笑走了过去。听了这孩子的话，我有些吃惊地往孩子母亲脸上瞟了几眼，没有什么痣呀。过了几分钟，我压抑不住好奇心，走近观看孩子的画作，真令人忍俊不禁：画面上的四个人，爸爸、妈妈、弟弟和她，除了妈妈，三个人的身体和面部画得端端正正，母亲却是披头散发，脸上布满麻子，像个女魔。再看，她母亲还没有四肢，细细的腰身后面一条大尾巴在平衡着身子。我问这孩子，怎么把母亲画成这样？她竟平静地回答我："她本来就是这个样子的呀。"我明白了，此时，在孩子心目中，母亲是残缺和丑陋的，孩子在画画过程中，完成了她情绪的发泄和转移。她将这幅画用透明胶带贴在墙上。我边欣赏边用手机拍了下来，还开玩笑地说："这是一幅超现实主义画作，堪比毕加索的名画。"毕加索对第一任妻子（离婚后）的描绘是那样地丑陋不堪，又把第六任妻子画得是那么残忍，曰"拿尖刀的女人"，他的这两幅画属"超现实主义"。

根据资料，现代西方超现实主义文艺思潮的兴起，应在弗洛伊德对精神分析学说宣扬之后。我揣测，在精神分析学之前的文艺作品里，人的"下意识领域"也会参与文艺作品的表现，但具有主宰地位的理性对此是不能认可的，它会极力打压"下意识领域"。弗洛伊德的精神分析学说让人们懂得了受压抑的前意识，即"下意识领域"与理性的统一才能臻于完美地表达文艺作品的人性。

于是，超现实主义的文艺思潮如潮水般兴起：这小女孩的画是个能证明我观点的例子。这一文艺思潮对这小孩没有任何影响，她只有与生俱来的"下意识领域"。"下意识领域"就是梦境、幻觉、本能，小姑娘的画实际上也是弗洛伊德所说的属创造性的白日梦，在画这幅画的过程中，心中的压抑，像做梦时的作用一样散发出去，这与我"梦是文学艺术的摇篮"的观点是一致的。

第四章

余论

一、对一些梦的推测及评论

梦中较少使用口头语言，出现的最多的是画面，这样能即时明白所处的环境。我认为，在人类的思维中，存在着比语言更快捷的表现方法。这就是梦中画面的出现，也就是诸多研梦者一致认为有的梦比现实速度要快得多的现象，画面的出现类似于散发性思维倾向。爱因斯坦说自己的思维就是图像化的。

弗洛伊德认为，我们从来不敢认为思想活动是如此地快速，所以认为梦的运作具有加速我们思想程序的功用。

爱因斯坦说："我不是用语言来思考，而是用多变的影像来思考。"❶

我见到这么一份资料：左脑和右脑能力的区分。

左脑：语言、文字、数学、逻辑、推理、分析。

---

❶ 摘自"左右脑能力的区分"资料。

右脑：图像、颜色、旋律、动感、想象力、创造力。

左脑是填鸭式学习，需要按部就班，慢慢地积累资讯，具有缓慢性和重复性；右脑则属活动立体式学习，较灵活快速地获取外界资讯，而且会不按规范来思考及审断，会运用多元感官思维去了解及认知世界，所以思考能力比左脑更灵活。左脑是微观思考，而右脑则是宏观思考，左脑精于处理学习能力，"直线式处理"或"线性思维运作模式是需要一关一关联结"；右脑则精于处理创意思考，以图像、影像等较立体方式来处理讯息，是所谓"放射性处理"或"球形思维"，比起左脑处理讯息的速度及过程都更快。如果这个资料的准确性是无误的，那基本上可以断定，人做梦主要是用右脑。

做梦是用右脑的这个假设，现在有一点可以证实了。我国台湾地区的一个教授在一次公开演讲中说到了人的情绪是由右脑管理的，这一点得到了美国的科学论证。做梦，很重要的一项作用就是调整情绪。

现在的人对右脑的开发和利用度是很低的，或许通过做梦，对右脑的开发和利用会进一步，这对人的进化来说也许是重要的一环。

我曾看过一副大脑图，对人做梦是用右脑的假设是很好的佐证。该图显示左脑是一格格分离严密的区域，似乎各自功能分工明确：左脑色彩是灰色的，其功用是微观的。右脑像个花园，色彩丰富，可以任人随意走动，没有任何樊篱，这显示出右脑是宏观的、艺术的，适合创造性的功用。人对艺术的需要，犹如尼采在《悲剧的诞生》中描述的人与做梦的其中之一作用一样，是为了安坐于颠簸小舟，渡过苦海。

美国著名作家马克·吐温在其散文《我那柏拉图式的情人》里描述了他一生中多次与一年轻女子在梦中邂逅的美妙和愉悦。马克·吐温对梦是有过研究的，文中除了多次描述梦的离奇和曲折的过程外，他发现做梦的时间其实异常之短。当然，马克·吐温以"夸张"著称，但文中一再叙述了做梦速度快得令人难以解释的现象。而且他说："梦中使用梦中语，它的表达方式比我们在白天的思想要迅速得多。梦，是一位艺术大师，它能描摹一切，运用一切，那色彩，那场景，那建筑，不仅有全景，还有特写镜头。"

弗洛伊德在《梦的解析》里也讲了两个不可理解的，但是非常精彩的梦，同样是做梦，速度匪夷所思得快捷，根据以上快速梦的特点，我产生了一个假设，即有些梦是早就设计好的，一旦各方条件具备，由右脑以"放射性处理"或"球形思维"的方式像"烟花"一样地绽放。这些图像和影像会短时间地定格在大脑，而解读梦境时就根据记忆来描述。就像我们见到过一些图像后进而进行描述一样，这个假设，我知道没有充分的证据让人信服，但它是诱人的，我不忍放弃这个假设，让后人来证实这个假设的对错吧。

如果这个假设成立，就能解决做梦之快带给人的疑虑。

为什么我们还会做那么多目前看起来无用的梦，那是因为目前还无法解析。除此之外，这类梦就像给我们清除大脑中固有的、陈旧的渍子，"以避免僵化、物化，才能恢复活泼的生命，克服停滞的陈腐的倾向，才能保持话语创（新）世界的自由空间和多样化的可能性，才能保留人们对于未来生活的希望"❶。

我还有一种想法，梦中的想象力是超强的，但在计算方面却是瘫痪的。这是我个人的梦经验，如果能在其他人身上证实这点，是否可以认定管辖计算的脑区块不参与梦的制作？（如果根据左右脑的分工，数字功能确在左脑）

有的梦是否可被称为是一种"悟"呢？"悟"性是发自内心的一种意识，只有在内心才会体会到，继而拓展自我意识的潜能。

我不能肯定我的以下阐述是否可以为梦的特殊性作一假说，以及为荣格的"集体无意识"按个人观点作出诠释。

荣格认为，"集体无意识"包含的是普遍存在于人类头脑中的原始意象，它是超越个人的，具有种族普遍性的人类心理生活的源泉。"集体无意识"的主要内容是原型。所谓原型，指的是那些尚未经过意识加工的心理内容，所以还是心理经验的直接材料……原型指的是一种普遍的、由继承而来的心理模型。

人从亘古走来，总留有那远古的痕迹，有些梦是那远祖融进血液里的记忆。好多人都说会梦见自己从高空或悬崖跌落而惊醒，这是一种我们常听说的梦境。

1974 年，在埃塞俄比亚发现的一具人类化石，经测大约生活在 320 万年前，是距今发现的人类最早的祖先（是猿和人的连接），人们给她取名

---

❶ 尤娜，杨广学. 象征与叙事：现象学心理治疗［M］. 济南：山东人民出版社，2006：75.

露西。科学家发现，露西是强有力的攀岩高手。是否可以这么想，或许，那个时候的人（人的最早祖先）都是攀岩高手呢？

人类的发展是很不容易的。越早，生存越难。攀岩阶段经历了多久不得而知，想象一下，那时候的人类祖先对周遭认知主要靠个体自身，那时不具备清晰的口头语言能力，再加上智力的欠缺、生存环境的恶劣，认为生活在岩壁上相对安全的想法似乎是理所当然的。可以肯定，因失手坠岩而亡的人不会很少。鉴于很多人会做从悬崖上坠落的梦的现象，用荣格的"集体无意识"来诠释是能解释得通的。我臆想，古代人因跌落而亡的人肯定不少，当见证了这种状态后，见证者会在脑海里留下非常深刻的印象：远离高空，高空危险。先人的烙印就是"集体无意识"，这种梦从某种意义上说可以起到警示后人的作用。

还有一种梦也是很多人会做的，即在梦中不停地奔跑，因为觉得后面总有东西在追。几万年前，人类也是群居的，但那时人口稀疏得可怕，在人类以采集狩猎为生的时代，大型的陆地动物开始大规模灭绝，不知道这种大规模的灭绝是否给人类带来刻骨铭心的恐慌。如果有，那么恶劣的生存环境和人类认知的局限，势必在远祖心里植下莫名的恐惧之根。我曾问了几个做过奔跑之梦的梦者，究竟是什么东西在追赶，回答基本一致"不清楚"。一个年轻姑娘告诉我，她的此类梦会反复出现。我告诉她要不断告诉自己"这追赶物是不存在的，不要自己吓唬自己。"要常用这个意念强壮自己的内心。几个月后遇上这姑娘，她高兴地对我说，我照你说的去做，这可怕的追赶我的梦就再没有出现了。跌落和追赶的梦，是否是"集体无意识"的母题？我在追问，无解地追问。

几个月大的婴儿任凭你说什么语言也无动于衷，但你的手势可以逗得他哈哈大笑，这是否可以作为梦中语言（肢体语言）是"集体无意识"的一种佐证呢？

又如梦中常出现的肢体语言，我认为完全有可能是人类还没使用口语前的残留物。

有些梦的变形状态让我联想到了婴儿的肢体语言，就我个人的梦经验而言，肢体语言（一个手势、一种眼神）的出现是经常性的，肢体语言应是人类不会使用口语之前的沟通方式。据我观察，婴儿最先懂得的是肢体语言，最先使用的也是肢体语言。我孙子八九个月大时，他夜里临睡前我常会去他房间看看，他高兴时会手舞足蹈地表示欢迎；不开心的时候，我的进入会引起他的反感，这时他立即将自己的头转向另一边。走到他面前逗他，他又将脸扭向另一面。有谁还能不懂这婴儿的肢体语言呢？在他一周岁时，我遇到同样的情况，我就说一声："那我走了。"他就转过头来，用手做关门的手势。见到的人无不大笑。这些人类的初始语言，应该是"集体无意识"的源泉之一。人类的进化速度太快了，就算三万年，按天计算，也不过是一千零九十五万天，但世界因人的改造而发生的变化，自己想想也目瞪口呆。进化的飞速可能让我们原先固有的表现形式来不及褪去，所以会在梦中表现出来。

弗洛伊德对梦的生物起源的说法："人的视觉所见变成梦，人的听觉所闻变成幻想……"为了验证这个说法的真伪，我走访了盲人和聋哑人。

一位盲人两岁时因病致盲，对光没有印象。在梦中，他是凭声音来分辨人，梦中没有图像，只有概念。他曾在梦里下海，踏着石头小路上天，无论是海里，还是天上，与陆地上都是一样的，有房子，住着人，天上也有庙，还有和尚在念经。在天上下来时，他害怕，觉得危险，怕自己踏空掉下去。前面那些梦中感受与盲人的生活经历相似，怕踏空掉下去，我想应属于"集体无意识"。盲人是不知道生活经验之外的高度的，他的害怕是远祖遗留在他身上的烙印引发的。他还告诉我他梦见自己滑进了一人多深的大坑，在盲人的心中，一人多深是很深了，超过这个深度的话，他就无法知道了。好在坑的上面有他老婆在。他问我这个梦是什么意思。一般来说，残疾人面临的生存压力肯定大于正常人，我想，这是一个焦虑的梦，老婆在坑的上面，减轻了他一半的焦虑。盲人落进大坑和正常人落进大坑的焦虑是不同的，老婆是自己最可靠的人，有老婆的相助，不会有太大的危险。这是我对盲人的梦的分析。

盲人会做梦的事实否定了弗洛伊德"视觉变成梦"的说法。

我再次与另一位盲人谈到了梦。这是一个二十多岁的年轻人，先天失明。我问他是否做过从高处跌落的梦，他回答："有啊。""会从梦中惊醒吗？""会的。"他主动告诉我，前两天他梦见与街头贴手机膜的人在一起（现实中他在街头卖唱，常与几个在街头贴手机膜的人在一起），有人喊："城管来了！"于是贴膜人与城管吵起来了，贴膜人在争吵中被城管抓去了，只有他，城管是不管的。在讲这个梦时，他的脸上似有一丝得意。我揣摩着这梦意，当失明人面对困境、愁绪萦怀时，是否梦给他一丝慰藉，安抚一下他的心绪？否则就难以解释他在说这个梦时发出的嘻嘻声。盲人是用声音和概念来构造梦境的。

这位盲人在梦里也哭，我告诉他，梦里的哭是在释放焦虑。他长长地"哦"了一声。

接着，我与一位聋哑人交流。她是我熟人的孩子，相互认识，我们用文字交流。她告诉我，她在梦里总是行事艰难，常会在梦里哭醒。我问她清醒时会常哭吗？她说也会哭，但没有梦里哭得多。她的梦让我领略了残疾人生存的艰难。梦中的哭是她焦虑的释放。我问了一个一直耿耿于怀的问题，你会梦见从悬崖上跌落吗？我在"悬崖"两字下面画了线，她写了"会"。我继续问，你会在坠落时惊醒吗？她肯定地点点头，并写上"会"。残疾人都做从悬崖上坠落的梦，他们器官的欠缺同正常人接收的信息量是不同的。但这个坠崖梦的感受却与正常人相同。这更使我坚定了坠崖是"集体无意识"，属于近似的梦。

我又想弄明白聋哑人有没有"幻想"的问题，曾对这熟悉的聋哑人再三地询问。她开始说有，后来又说没有，最后肯定地说有。对她的反复，我有不确定之虞。我又让她向她丈夫（也是聋哑人）证实，他有否"幻想"，回答是"没有"。根据我了解到的情况，聋哑人因为有两个感官上的缺失，他们对事物的理解是比较困难的。经我与特殊学校的校长交谈得知，有的学校老师（也是聋哑人）都弄不明白想、联想、幻想的区别。我怀疑聋哑人中有相当的人不理解"幻想"的意思。聋哑人会做梦，梦里有情节，只是没有声音，这是肯定的。"做梦"与"幻想"其实是很贴近的。弗洛伊德认为听不见声音就没有幻想，是不能令人信服的。

二、对一些观点的异议

弗洛伊德《梦的解析》第七章"梦的遗忘"里说到梦很容易被遗忘，并分析梦中遗忘的部分乃是梦中最重要的部分，这是因为有一种阻抗因素在起作用。弗洛伊德反复强调阻抗因素的存在是确确实实的，我不明白阻抗因素存在的原因。梦是很容易被忘记的，这是大家所承认的事实。我个人认为，并不存在梦的忆起会遇到阻抗的问题，容易忘却是因为大多数的梦在做的过程中，作用已经发挥，没有保存下去的必要——注意，我说的是大多数，而不是全部，否则会跟其他章节产生矛盾。被忘记的梦就像是被丢弃的一次性使用的物件一样。在睡眠中，梦的出现是频繁的，能够记起的其实不多。根据我的摸索，醒来的时间与做梦时间间隔长短是记忆的关键，就是说做梦结束即醒就容易记住梦的内容。做梦结束后是一段较长时间的睡眠或中途又被其他梦境穿插，以这种情况来说，梦的重叠是让人分不清南北的。还有，梦对梦者情绪的冲击是否深刻，是梦者醒后能否回忆起梦的重要因素。

1. 关于对弗洛伊德泛性论的一点异议

在《梦的解析》中，弗洛伊德例举了一些小男童在三四岁时对女性乳房如何地感兴趣，在这些男童长大后可以回忆起这些片段，弗洛伊德以此来论断人的性欲是从婴儿期就有的。我在这里亮出我观察到的一些现象，以及提出我的观点来反驳弗洛伊德的偏颇。

据我观察，不论男童还是女童，对成人女性的乳房是同样感兴趣的。为什么？孩子认识世界是从自己和周围人开始的，两岁左右的孩童（不论男女）发现了照料自己的成人女性有着自己所没有的乳房，乳房的魅力在于婴儿可得到最完美的需求（饱腹、安全、温暖）来保障生命的存在。我认为孩童时期对乳房的好感应来自于此，孩童时期对乳房的好感与性成熟后的感觉，不能混为一谈。现实中，稍大一点后，小女孩对乳房的好奇比男孩更甚。星星点点的信息收入，使她们联想到自己的将来，这是认识世界的开始。

这是一段摘自报刊的小文章（不可原谅的错误，多年前的摘录，竟没有记上报刊名和时间）。有科研单位做了一次实验：一组对象被允许进入"REM 睡眠"（即眼球快速运动睡眠，是最深层次的睡眠，梦通常在这个阶段发生），另一组人则被迫保持清醒。结果发现前一组人比后一组人解决问题的进度明显要快。

实验结论：这项实验表明，大脑在睡梦中，可以巩固已经获得的信息，并将其重新整合，换句话说，大脑在做梦时也在思考学习。

我以为这个结论从狭义的角度来说，固然也对。但从广义来说尚存欠缺。这两组成员解决问题的进度明显不同，是因为前一组被允许进入做梦状态的睡眠，而梦正是能使心理得到匡正和滋养的。心理的健康，当然是解决问题获得胜局的基础。后一组被迫保持清醒，即被剥夺了心理上的养护，某种角度上来说，就是非健康的（在实验时段）。所以，两组解决问题的能力显然不同，这与我前面所持做梦对人心理是有益的观点是一致的。

有一种梦现象曾使我迷茫。我是 1954 年底出生的，没有经历过两次世界大战，但看过不少描写日本侵略中国的文学作品和影视剧，因此在我的梦里多次出现日本人欺侮中国人时，我也在其中的梦境。梦里，总是出现自己如何自作聪明地化险为夷，最终脱离那些险境的情节。这类梦的思考让我对弗里茨·珀而斯的梦理论做个诠释。这位完形心理治疗的创始人认为，梦是对未了心愿或未竟事项的探索。梦境象征着尚未闭合的完形倾向。他强调梦境中出现的人物和意象都是梦者个人精神状态的直接表达，映现梦者的人格结构或者说存在结构，因而具有特殊的重要性。

梦，一般总是有用的，在我阅读此类文学作品和观看影视剧时，意识会有朦胧的一闪而过，如果我处在那种状态下，会怎么办？没有答案的念头被打入了前意识，最终它要冒出来，人的特质为人适应各种可能性作出准备，这也是梦的功能之一。

一位友人问我一个梦该如何解析。她觉得这个梦平淡无聊。"我今年60岁了，梦里好像还未嫁人，与一人在谈恋爱。也叫不出这人的名字，秉性是混合的，恋爱平淡无奇，可有可无。"她问怎么会做这种梦呢？我一再追问她近期曾有过什么想法，或在清醒时有过什么念头。她说，你这么问我，我想起或更准确地说是闪过这个念头，人的命运不可捉摸，如果当初我结婚的对象不是现在这个，那我的生活又会怎样呢？清醒时当然是没有答案的，梦却给了她答案：平淡无奇的生活和可有可无的改变。我想，这是借由梦对未竟事项的探索吧。

2. 关于周公解梦

中国传统文化中与梦有关的作品中，最有影响力的莫过于《周公解梦》了。《周公解梦》的特点是运用千篇一律的公式的方法来预测梦的凶与吉，每个人的文化、经历、地位，乃至性格、习惯都不同，梦境与梦者做梦前的情绪、意识休戚相关。各人对同一事物的反映是有区别的，用公式来套解和预测梦境中出现的东西（如火、水、蛇、鸟、花、塔、鱼、棉花等）是太过机械且没有依据的。

如梦见登上高楼——有大富贵之兆。

梦见太阳——要交好运。

疾人梦见大海——会病情严重。

梦见成堆沙子——困难纷至沓来。

据记载，周公是西周初年的政治家，姓姬名旦，周文王之子，周武王之弟，有诸多建树。这些现代人看来不靠谱的梦解真是周公所为吗？噢，我想到西周盛行占卦术，上至国家决定某项政策，下至百姓家的造房、移坟，乃至出行都先要占卦后再做决定。除了用龟、蓍草等占卦外，梦也成了占卦的材料了。果真如此的话，就不难理解《周公解梦》了。或许，《周公解梦》真不是周公一人所为，而是经过多人和多时的逐渐丰富、完善，这套公式才得以完成。如果是这样，我在这里调侃一句，与其说是"周公解梦"，不如说是"周公主义解梦"，它是那个时代的产物。